高等院校软件应用系列教材

U0180936

软件测试

主　编　任淑艳　崔　义
副主编　谢　翌　范春辉
　　　　蒋建华　刘　艳

重庆大学出版社

内容提要

　　本书结合了计算机科学与技术专业、软件工程专业等学生的特点,以对应专业的培养方案为基准,制订了本课程的课程大纲和教材内容。在内容编排上,以实践活动为主线组织编排教材,把握了软件测试的工具性本质。本书分别从理论和实践的角度介绍了软件测试技术,具体包括软件工程和软件测试的基础知识、软件测试生命周期、软件测试流程、黑盒和白盒测试技术、性能测试、单元测试、功能测试及对应测试工具以及缺陷管理工具,最后讲述了软件测试项目管理的相关知识点。

　　本书可作为高等院校计算机软件专业、计算机应用专业、计算机信息管理专业的软件测试课程的教材或教学参考书。

图书在版编目(CIP)数据

软件测试/任淑艳,崔义主编. -- 重庆 : 重庆大
学出版社,2022.8
ISBN 978-7-5689-3506-7

Ⅰ.①软… Ⅱ.①任…②崔… Ⅲ.①软件—测试—
教材 Ⅳ.①TP311.55

中国版本图书馆 CIP 数据核字(2022)第 147572 号

软件测试
RUANJIAN CESHI

主　编 任淑艳　崔　义
副主编 谢　翌　范春辉
　　　　蒋建华　刘　艳
策划编辑:鲁　黎

责任编辑:文　鹏　　版式设计:鲁　黎
责任校对:关德强　　责任印制:张　策

*

重庆大学出版社出版发行
出版人:饶帮华
社址:重庆市沙坪坝区大学城西路 21 号
邮编:401331
电话:(023) 88617190　88617185(中小学)
传真:(023) 88617186　88617166
网址:http://www.cqup.com.cn
邮箱:fxk@ cqup.com.cn(营销中心)
全国新华书店经销
重庆市正前方彩色印刷有限公司印刷

*

开本:787mm×1092mm　1/16　印张:12.25　字数:286千
2022 年 8 月第 1 版　　2022 年 8 月第 1 次印刷
印数:1—2 000
ISBN 978-7-5689-3506-7　　定价:38.00 元

前　言

软件测试是计算机软件专业、计算机应用专业、计算机信息管理专业的一门重要专业课,也是计算机软件开发与测试、软件测试专业高年级学生必修的一门专业课。软件测试是一门实践性、应用性很强的课程,主要目的是使学生在学习软件工程、程序设计语言和软件测试与测试技术等课程的基础上,通过实训进一步巩固和消化所学的专业知识,熟悉软件测试岗位的工作职责,了解软件测试的方法和原则、规范及管理,掌握软件测试工作流程、测试技能,培养学生的实际动手操作能力和专业实践能力,为就业打下坚实的基础。

本书分别从理论和实践的角度介绍了软件测试与测试技术,具体包括软件　　和软件测试的基础知识、软件测试生命周期、软件测试流程、　　　　　技术,性能测试、单元测试、功能测试及对应测试工具、　　　　　　　工具,最后讲述了软件测试项目管理的相关知识点。

本书由重　　人文科技学院任淑艳、崔义担任主编,谢翌、范春辉、蒋建华、刘艳担任副主编。编写工作全部由重庆人文科技学院从事教学工作的一线教师共同完成。

限于编者的经验,书中难免有不足之处,敬请大家批评指正。

编者

2022 年 4 月

目　录

CONTENTS

第1章 软件工程与软件测试

软件是信息化的核心,现代国民经济、国防建设、社会发展及人民生活都离不开软件。软件产业是增长最快的朝阳产业,是高投入、高产出、无污染、低能耗的绿色产业。软件产业关系到国家经济和文化安全,体现了国家综合实力,是决定未来国际竞争地位的战略性产业。

软件工程是一门研究如何用工程化方法构建和维护有效的、实用的和高质量的软件的学科。它涉及程序设计语言、数据库、软件开发工具、系统平台、标准、设计模式等方面。

软件测试是软件工程中的一个部分。通过软件测试可以生产具有正确性、可用性以及开销合宜的产品。

1.1 软件发展概述和软件生命周期

软件是指一系列按某种特定规则组织在一起,实现用户需求的计算机数据和指令的集合体。从狭义理解,运行在计算机、手机、移动终端设备等电子产品上的应用程序,都称为软件;从广义理解,软件不仅仅包含实现用户需求的源代码,还包含与之相匹配的数据文档、支撑源代码运行的配置数据。三者构成一个完整的软件实体。

软件生产的发展划分为三个时代:

①程序设计时代:这一时期,软件生产主要采用个体手工劳动的生产方式。

②程序系统时代:由于计算机的应用领域不断扩大,软件的需求也不断增长,软件由于处理的问题域扩大而使程序变得复杂,设计者不得不由个体手工劳动组成小集团合作,形成作坊式生产方式。

③软件工程时代:软件工程时代的生产方式是采用工程的概念、原理、技术和方法,使用数据库、开发工具、开发环境、网络、分布式、面向对象技术来开发软件。

软件生产行业在几十年的研发活动中,积累了大量的经验,总结出软件的生命周期流程,指导软件生产企业遵循规范的生产流程设计开发软件系统。一般而言,软件从设计、研发到销售使用,主要经历以下几个阶段:

1)市场需求调研

目前,软件研发需求来源主要有两种渠道:一种是软件公司主动挖掘市场需求,从而开发出解决大众需求的软件系统,一般称为产品;另一种是由用户主动提出需求,由软件公司负责设计开发,一般称为项目。

无论是产品还是项目,经过初步需求沟通后,在正常情况下都会有初步需求分析报告。

2）可行性研究

产品项目可行性研究是以企业研发能力为前提，以投资收益为目的，从技术、成本、管理、风险控制等方面对产品或项目进行全面分析研究的方法，预测其投资后的经济效益，在既定范围内进行方案论证与选择，以便最合理地利用资源，达到预定的社会效益和经济效益。

从软件生产角度来看，可行性研究的重点是解决前期市场调研的产品或项目是否可行，能否在一定的成本压力下持续地为公司或企业带来适当的利益，无论是社会效益还是经济效益。

3）产品项目立项

经过市场需求调研、可行性研究评审确认可行后，由需求调研人员（市场人员、需求分析人员或客户经理）牵头，进行产品或项目立项活动，构建产品或项目研发小组，制定产品运作计划。

4）需求调研开发

产品或项目立项后，需进行详细的需求调研。需求调研同样有两种模式：主动模式和被动模式。

在主动模式下，软件公司派出需求调研小组与用户直接沟通，获得正确可靠的需求。在被动模式下，软件公司市场调研人员根据市场产品需求信息分析判断，无明确的需求提供者，得到较为粗泛的需求。

需求调研是整个软件生产活动中最为重要的环节，此环节的一切成果都是后续工作的基础。

5）设计开发测试

需求调研阶段输出的需求规格说明书，经过评审后形成需求基线，由项目组内的开发工程师进行系统设计。如果公司有专门的系统架构师，则由系统架构师从系统可靠性、扩展性、安全性、可维护性等角度进行系统概要设计。系统概要设计活动结束后，输出系统概要设计说明书，评审活动通过后形成概要设计基线，此时可以依据需求规格说明书及概要设计文档进行系统的详细设计、数据库设计等相关事宜。

概要设计、详细设计结束后，按照整体项目实施计划，项目组开发工程师根据各自的编码任务及规范完成相关模块、子系统、软件的编码。

当测试版本交付日期到达后，项目组开发工程师构建测试版本，以便交于测试团队进行测试。根据前期的测试计划，测试团队执行测试用例测试系统的功能、性能。经过多次版本迭代后，完成系统测试，输出系统测试报告。

项目专家团队评审测试部门输出的系统测试报告，如果达到预定义的停测标准，则可结束测试活动，否则持续回归测试，直至达到被测对象出口准则。

6）发布运行维护

如果研发对象是产品，一般由研发公司择日发布，通常情况下会在网络或媒体上宣传;如果研发对象是项目,则一般由客户确定正式交付日期,客户在接收软件公司提供的软件系统前,通常会进行验收测试,验收通过后才正式接受。

项目交付使用后,需根据与客户签订的产品维护协议,制定产品维护流程,当软件系统在使用过程中出现问题时,需及时处理,直到产品废弃或升级,进入新的生命周期。

如果用户在使用过程中发现了缺陷,研发公司会提供补丁进行修复,从而保证软件系统正常工作。

1.2　软件缺陷概述

1991年海湾战争中,美军使用"爱国者"导弹拦截伊拉克"飞毛腿"导弹,出现过几次拦截失败事件,后经查明是因为软件计时系统的累积误差所致,该软件缺陷是一个很小的系统时钟错误积累起来造成十几个小时的延迟,致使跟踪系统准确度丧失,最终导致严重的后果。事实上,软件系统的可靠性是很难保证的,几乎没有不存在错误或缺陷的软件系统。这是因为,软件错误或软件缺陷是软件产品的固有成分,是软件"与生俱来"的特性。

1.2.1　软件缺陷的定义和描述

1)软件缺陷的定义

在需求分析和设计过程中,需求规格说明在某种程度上与用户要求不符,或者设计中存在一些错误;在写完程序进行编译时会出现语法错误、拼写错误或程序语句错误;软件完成后,应有的功能不能使用;软件在交付使用后,出现一些在测试时没有发现的问题,造成软件故障等。所有这些都可以称为软件缺陷。

软件缺陷包括检测缺陷和残留缺陷。检测缺陷是指软件在用户使用之前被检测出的缺陷;残留缺陷是指软件发布后存在的缺陷,包括在用户安装前未被检测出的缺陷以及检测出但未被修复的缺陷。用户使用软件时,因残留缺陷引起的软件失效症状称为软件故障。

软件缺陷,简单地说,就是存在于软件(文档、数据、程序)之中的那些不希望或不可接受的偏差,即软件质量问题。

软件缺陷会为系统带来一系列的风险,试想:如果软件的某些代码产生了错误,会导致什么样的结果? 未被验证的数据交换如果被接受,又会带来怎样的结果? 如果文件的完整性被破坏,那么是否还能保证系统符合用户的要求? 软件是否还能如期按要求交付使用? 当系统发生严重故障时,如果不能保证系统被安全恢复(恢复成被备份的状态),那么系统将会完全崩溃;因某种需求,要暂停系统的运行,而系统又没有办法停止,带来的后果可想而知;进行维护时,系统性能下降到不能接受的水平,从而使用户的需求不能得到满足,甚至因此带来严重的影响;系统的安全性是否有保证,尤其是对于一些特殊的系统,若安全性得不到保障,则可以说是不合格的;系统的操作流程是否符合用户的组织策略和长远规划;若系统的运行不可靠、不稳定,相信用户也不会满意;系统是否易于使用;系统是否便于维护;每一个系统都不是封闭、完全独立的,若系统不能与其他系统相连或者很难与其他系统相连,都是不合格的产品。其中的任何一点都会造成软件开发的失败,例如软件不能正常使用,引起灾难性事件,等等。

2)软件缺陷的描述

从软件缺陷的定义中,可以知道判断缺陷的唯一标准就是看其是否符合用户的需求。在大型软件开发过程中,会出现成千上万甚至更多软件缺陷,要确定这些缺陷怎样描述、分类和跟踪或监控,以确保每个被发现的缺陷都能够及时得到处理。

在运行良好的组织中,缺陷数据的收集和分析是很重要的,从缺陷数据中可以得到很多与软件质量相关的数据。

对缺陷进行跟踪、监控或管理的基本流程是:首先要准确地描述缺陷,然后对各种缺陷进行分类。在此过程中,通过对缺陷进行分类,可以迅速找出哪一类缺陷的问题最大,集中精力预防和排除这一类缺陷,并在这几类缺陷得到控制的基础上,再进一步找到新的容易引起问题的其他几类缺陷。

对软件缺陷进行有效描述涉及如下内容:

①可追踪信息。

缺陷 ID(唯一的缺陷 ID,可以根据该 ID 追踪缺陷)。

②缺陷的基本信息。

缺陷的基本信息有如下几部分内容:

缺陷标题、缺陷的严重程度(分为致命、严重、一般、建议)、缺陷的紧急程度、缺陷提交人、缺陷提交的时间、缺陷所属项目/模块、缺陷指定的解决人、缺陷指定的解决时间、缺陷处理人、缺陷处理结果描述、缺陷处理时间、缺陷验证人、缺陷验证结果描述、缺陷验证时间。

③缺陷的详细描述。

对缺陷描述的详细程度直接影响开发人员对缺陷的修改,描述应该尽可能详细。

④测试环境说明。

⑤必要的附件。

⑥从统计的角度出发。

从统计的角度出发,还可以添加"缺陷引入阶段""缺陷修正工作量"等条目。

3)软件缺陷产生的原因

软件缺陷的产生主要是由软件产品的特点和开发过程决定的,比如需求不清晰、需求频繁变更、开发人员水平有限等。归结起来,软件缺陷产生的原因主要有以下几点:

(1)需求不明确

软件需求不清晰或者开发人员对需求理解不明确,导致软件在设计时偏离客户的需求目标,造成软件功能或特征上的缺陷。在开发过程中,客户频繁变更需求也会影响软件最终的质量。

（2）软件结构复杂

如果软件系统结构比较复杂，很难设计出一个具有很好层次结构或组件结构的框架，这就会导致软件在开发、扩充、系统维护上的困难。即使能够设计出一个很好的框架，复杂的系统在实现时也会隐藏着相互作用的难题，而导致隐藏的软件缺陷。

（3）编码问题

在软件开发过程中，程序员水平参差不齐，再加上开发过程中缺乏有效的沟通和监督，问题越来越多，如果不能逐一解决这些问题，会导致最终软件中存在很多缺陷。

（4）项目期限短

现在大部分软件产品开发周期都很短，开发团队要在有限的时间内完成软件产品的开发，压力非常大，因此开发人员往往是在疲劳、压力大、受到干扰的状态下开发软件，这样的状态下，开发人员对待软件问题的态度是"不严重就不解决"。

（5）使用新技术

现代社会，每种技术发展都日新月异。使用新技术进行软件开发时，如果新技术本身存在不足或开发人员对新技术掌握不精，也会影响软件产品的开发过程，导致软件存在缺陷。

1.2.2 软件缺陷的种类

对软件缺陷进行分类，分析产生各类缺陷的软件过程原因，总结在软件开发过程中不同软件缺陷出现的频度，制定对应的软件过程管理与技术两方面的改进措施，是提高软件组织的生产能力和软件质量的重要手段。

软件缺陷有很多，从不同的角度可以将软件缺陷分为不同的种类。

按照测试种类，可以将软件缺陷分为界面类、功能类、安全性类、兼容性类等。

缺陷的严重程度，可以分为严重、一般、次要、建议。

缺陷的优先级，可以分为立即解决、高优先级、正常排队、低优先级。

缺陷的发生阶段，可以分为需求阶段、构架阶段、设计阶段、编码阶段、测试阶段。

按照不同标准将软件缺陷划分成不同的种类，见表1.1。

表 1.1 按照不同标准划分缺陷类型

划分标准	缺陷类型				
测试种类	界面类	功能类	性能类	安全性类	兼容性类
严重程度	严重	一般	次要	建议	
优先级	立即解决	高优先级	正常排队	低优先级	
发生阶段	需求阶段	架构阶段	设计阶段	编码阶段	测试阶段

1.2.3 软件缺陷的属性

为了正确、全面地描述软件缺陷,首先需要了解缺陷的一些主要属性,这些属性为缺陷修复和缺陷统计分析提供了重要依据。软件缺陷包括以下一些主要属性。

1)缺陷表示

唯一标识软件缺陷的符号,通常用数字编号表示。当使用缺陷管理系统时,由软件自动生成。

2)缺陷类型

根据软件缺陷的自然属性划分的缺陷类型,见表1.2。

表 1.2　软件的缺陷类型

缺陷类型	描述
功能	对软件使用产生重要影响,需要正式变更设计文档。例如功能缺失、功能错误、功能超出需求和设计范围、重要算法错误等
界面	影响人机交互的正确性和有效性,如软件界面显示、操作、易用性等方面的问题
性能	不满足性能需求指标,如响应时间慢、事务处理率低、不能支持规定的并发用户数等
接口	软件单元接口之间存在调用方式、参数类型、参数数量等不匹配、相互冲突等问题
逻辑	分支、循环、程序执行路径等程序逻辑错误,需要修改代码
计算	错误的公式、计算精度、运算符优先级等造成的计算错误
数据	数据类型、变量初始化、变量引用、输入与输出数据等方面的错误
文档	影响软件发布和维护的、包括注释在内的文档缺陷
配置	软件配置变更或版本控制引起的错误
标准	不符合编码标准、软件标准、行业标准等
兼容	操作系统、浏览器、显示分辨率等方面的兼容性问题
安全	影响软件系统安全性的缺陷
其他	上述问题中不包括的其他问题

上述缺陷类型的划分并没有统一的标准,测试人员一般根据本企业所研发软件的特点定义适当的缺陷类型,以便于有针对性地分配缺陷修复工作和进行缺陷分类统计分析。

3)缺陷严重程度

不同的软件缺陷对软件质量的影响程度不同。有些小的软件缺陷只影响软件的界面美观性,并不影响软件的正常使用,但是另外一些缺陷可能会对软件功能和性能产生严重影响。缺陷的严重程度是从用户使用的角度评判软件缺陷对软件质量的破坏程度,根据这一评判结果可以更为合理地安排缺陷修复工作,优先将有限的时间、人力资源等用于修复严重程度高的缺陷。缺陷严重程度的划分,见表1.3。

表 1.3　软件的缺陷严重程度

缺陷严重等级	描述
致命	缺陷会导致系统的某些主要功能完全丧失,系统无法正常执行基本功能,用户数据遭到破坏,系统出现崩溃、悬挂和死机现象,甚至危及人身安全
严重	系统的主要功能部分丧失,次要功能完全丧失,用户数据不能正常保存,缺陷严重影响用户对软件系统的正常使用。包括可能造成系统崩溃等灾难性后果的缺陷、数据库错误等
重要	产生错误的运行结果,导致系统不稳定,对系统功能和性能产生重要影响。例如,系统操作响应时间不满足要求,某些功能需求未实现、业务流程不正确、系统出现某些意外故障等
较小	缺陷会使用户使用软件不方便或遇到麻烦,但不影响用户的正常使用,也不影响系统的稳定性。主要指用户界面方面的一些问题,例如提示信息不准确、错别字、界面不一致等

4) 缺陷优先级

缺陷优先级代表缺陷必须被修复的紧急程度,具体划分见表1.4。

表 1.4　软件的缺陷优先级

缺陷优先级	描述
立即解决	缺陷的存在导致系统几乎无法运行和使用,或是造成测试无法继续进行,例如无法通过冒烟测试,必须立即予以修复
高优先级	缺陷严重,影响测试的正常进行,需要优先在规定的时间内(如 24 小时内)完成修改
正常排队	缺陷需要修复,但可以正常排队等待修复
低优先级	缺陷可以在开发人员有时间的时候进行修复,如果开发和测试时间紧迫,可以在下一版本中进行修正

缺陷的优先级是从开发人员和测试人员的角度出发,以合理安排工作时间和提高工作效率为目标进行设置的,当然也考虑到缺陷的严重等级,但并不是严重等级越高的缺陷就一定被越早处理。例如,某一缺陷并不是很严重,但是可能造成测试工作无法正常进行,那么该缺陷就应当被设置为高优先级,需要尽快得到处理。

5）缺陷出现的可能性

缺陷出现的可能性是指某一缺陷发生的频率,例如,是每次执行测试用例时都100%出现,还是执行10次测试用例才偶尔出现一两次。缺陷出现的可能性见表1.5。

表1.5　软件缺陷出现的可能性

缺陷出现的可能性	描述
总是	软件缺陷的出现频率是100%,每次测试时都会出现
通常	测试用例执行时通常会产生,出现概率是80%~90%
有时	测试时有时会产生这一软件缺陷,出现概率是30%~50%
很少	测试时很少产生这一软件缺陷,出现概率是1%~5%

缺陷的出现概率影响到是否能够方便地重现缺陷,是测试和开发人员非常关注的一项缺陷属性。测试人员报告软件缺陷和开发人员修改缺陷时,都希望能够准确地重现软件缺陷,这样才能够准确定位和分析产生缺陷的原因。但是由于消息驱动、并行计算、分布式等复杂软件系统的不断增加,偶发性的软件缺陷经常出现,给缺陷的发现和排除带来了很大的困难。这就要求软件系统具有详细的运行记录能力,如关键性的系统运行日志和用户使用日志,也要求测试人员更为详尽地记录系统运行环境和用户使用步骤等信息,然后通过跟踪与分析找出偶发缺陷的产生原因。

6）缺陷状态

缺陷状态用于反映跟踪和修复缺陷的进展情况,也反映了缺陷在其生命周期中的不同变化。

7）缺陷起源

缺陷起源是指测试时第一次发现缺陷的阶段,例如以下一些典型阶段:需求阶段、总体设计阶段、详细设计阶段、编码阶段、单元测试阶段、集成测试阶段、系统测试阶段、验收测试阶段、产品试运行阶段、产品发布后用户使用阶段。发现缺陷的阶段越早,越有利于降低改正缺陷的费用。

8）缺陷来源

缺陷来源是指软件缺陷发生的地方。在软件生命周期某一阶段发现的缺陷可能来源于前期阶段出现的错误。缺陷一般来源于以下几个地方:

①需求说明书。需求分析错误或不准确。

②设计方案。设计与需求不一致,设计错误等。

③系统接口。接口参数不匹配等问题。

④数据库。数据库逻辑或物理设计问题。

⑤程序代码。完全由于编码问题造成的一些软件缺陷。

⑥用户手册。造成用户使用问题。

9）缺陷根源

缺陷根源是指造成软件缺陷的根本因素,主要是开发过程、工具、方法等软件工程技术与管理因素以及测试策略等因素,通过缺陷根源分析可以改进软件过程管理水平。

1.2.4　软件缺陷生命周期

软件缺陷生命周期是指软件缺陷从发现到最终被确认修复的完整过程。在这一过程中,软件缺陷会经历不同的状态。典型的软件缺陷生命周期会经历如下状态改变:

①提交—打开:测试人员提交发现的软件缺陷,开发人员确认后准备修复。

②打开—修复:开发人员修复缺陷后通知测试人员进行修复结果验证。

③验证—重新打开:测试人员执行回归测试,验证测试结果后认为缺陷没有完全被修复,再次打开缺陷等待开发人员重新进一步修复。

④验证—关闭:测试人员执行回归测试,确认缺陷已经得到修复,然后将缺陷状态设为最后的关闭状态。

1.3　软件工程概述

1968 年秋季,NATO(北大西洋公约组织,简称"北约")的科技委员会召集了近 50 名一流的编程人员、计算机科学家和工业界巨头,讨论和制定摆脱软件危机的对策。在那次会议上第一次提出了"软件工程"这个概念。到现在,软件工程已有 50 多年的历程。

在这 50 多年的发展历程中,人们针对软件危机的表现和原因,经过不断的实践和总结,越来越认识到:按照工程化的原则和方法组织软件开发工作,是摆脱软件危机的一条主要出路。

下面介绍软件工程的定义和软件工程所包含的内容。

软件工程是一门研究如何用系统化、规范化、数理化等工程原则和方法进行软件的开发和维护的学科。它作为一门新兴的工程学科,主要研究软件生成的客观规律性,建立与系统化软件生成有关的概念、原则、方法、技术和工具,指导和支持软件系统的生产活动,以其达到降低软件生产成本、改进软件产品质量、提高软件生产率水平的目标。软件工程学从硬件工程和其他人类工程中吸收了许多成功的经验,明确提出了软件生命周期的模型,发展了许多软件开发与维护阶段适用的技术和方法,并应用于软件工程实践,取得了良好的效果。

软件工程的具体含义体现在以下 4 个方面:

①把软件开发看成一项有计划、分阶段、严格按照标准或规范进行的活动(软件工程是指导计算机软件开发和维护的工程学科,软件工程方法＝工程方法＋管理技术＋技术方法)。

②将系统的、规范的、可度量的方法应用于软件的开发、运行和维护的过程(将工程化

应用于软件中,并研究提到的上述途径)。

③要求采用适当的软件开发方法和支持环境及编程语言来表示和支持软件开发各阶段的各种活动,并使开发过程条令化、规范化,使软件产品标准化、开发人员专业化。

④用工程学的观点进行费用估算,制定进度,制定计划;用管理科学中的方法和原理进行软件生产的管理;用数学的方法建立软件开发中的各种模型和各种算法。

1.3.1　软件工程三要素

软件工程包括三个要素:方法、工具和过程。

1)软件工程方法

软件工程方法为软件开发提供了如何做的技术。它包括多方面的任务,如项目计划与估算,软件系统需求分析,数据结构、系统总体结构的设计,具体算法的设计、编码、测试以及维护等。

2)软件工程工具

软件工程工具为软件工程方法提供了自动的或半自动的软件支撑环境。目前,已经推出了许多软件工具,这些软件工具集成起来,称为计算机辅助软件工程(Computer Aided Software Engineering,CASE)的软件开发支撑系统。CASE 将各种软件工具、开发机器和存放开发过程信息的工程数据库组合起来,形成软件工程环境。

3)软件工程过程

软件工程过程则是将软件工程方法和软件工具综合起来以达到合理、及时地进行计算机软件开发的目的。过程定义了方法使用的顺序、要求交付的文档资料、为保证质量和协调变化所需要的管理及软件开发各个阶段完成的里程碑。

软件工程是一种层次化的技术。任何工程方法(包括软件工程)必须以有组织的质量保证为基础。全面的质量管理和类似的理念刺激了不断的过程改进,正是这种改进导致更加成熟的软件工程方法的不断出现。支持软件工程的根基就在于对质量的关注。

1.3.2　软件开发过程模型

软件开发模型(Software Development Model)是指软件开发全部过程、活动和任务的结构框架。软件开发包括需求、设计、编码和测试等阶段,有时也包括维护阶段。软件开发模型能清晰、直观地表达软件开发全过程,明确规定了要完成的主要活动和任务,用来作为软件项目工作的基础。对于不同的软件系统,可以采用不同的开发方法、使用不同的程序设计语言以及各种不同技能的人员参与工作、运用不同的管理方法和手段等,以及允许采用不同的软件工具和软件工程环境。

最早出现的软件开发模型是 1970 年 W·Royce 提出的瀑布模型。该模型给出了固定的顺序,将生存期活动从上一个阶段向下一个阶段逐级过渡,如同流水下泻,最终得到所开发的软件产品,投入使用。但计算拓广到统计分析、商业事务等领域时,大多数程序采用高级语言(如 FORTRAN、COBOL 等)编写。瀑布模型也存在着缺乏灵活性、无法通过并发活动澄清本来不够确切的需求等缺点。

下面介绍几种典型的开发模型。

1)边做边改型

遗憾的是,许多产品都是使用"边做边改"模型来开发的。在这种模型中,既没有规格说明,也没有经过设计,软件随着客户的需要一次又一次地不断被修改。

在这个模型中,开发人员拿到项目立即根据需求编写程序,调试通过后生成软件的第一个版本。在提供给用户使用后,如果程序出现错误,或者用户提出新的要求,开发人员重新修改代码,直到用户满意为止。

这是一种类似作坊的开发方式,对编写几百行的小程序来说还不错,但这种方法对任何规模的开发来说都是不能令人满意的,其主要问题在于:

①缺少规划和设计环节,软件的结构随着不断修改越来越糟,导致无法继续修改。

②忽略需求环节,给软件开发带来很大的风险。

③没有考虑测试和程序的可维护性,也没有任何文档,软件的维护十分困难。

2)瀑布模型

1970 年 Winston Royce 提出了著名的"瀑布模型",直到 20 世纪 80 年代早期,它一直是唯一被广泛采用的软件开发模型。瀑布模型将软件生命周期划分为制定计划、需求分析、软件设计、程序编写、软件测试和运行维护等六个基本活动,并且规定了它们自上而下、相互衔接的固定次序,如同瀑布流水,逐级下落。

在瀑布模型中,软件开发的各项活动严格按照线性方式进行,当前活动接受上一项活动的工作结果,实施完成所需的工作内容。当前活动的工作结果需要进行验证,如果验证通过,则该结果作为下一项活动的输入,继续进行下一项活动,否则返回修改。

瀑布模型强调文档的作用,并要求每个阶段都要仔细验证。但是,这种模型的线性过程太理想化,已不再适合现代的软件开发模式,几乎被业界抛弃,其主要问题在于:

①各个阶段的划分完全固定,阶段之间产生大量的文档,极大地增加了工作量。

②由于开发模型是线性的,用户只有等到整个过程的末期才能见到开发成果,从而增加了开发的风险。

③早期的错误可能要等到开发后期的测试阶段才能发现,进而带来严重的后果。

我们应该认识到,"线性"是人们最容易掌握并能熟练应用的思想方法。当人们碰到一个复杂的"非线性"问题时,总是千方百计地将其分解或转化为一系列简单的线性问题,然后逐个解决。一个软件系统的整体可能是复杂的,而单个子程序总是简单的,可以用线性的方式来实现,否则干活就太累了。线性是一种简洁,简洁就是美。当我们领会了线性的精神,就不要再呆板地套用线性模型的外表,而应该用活它。例如,增量模型实质就是分段的线性模型,螺旋模型则是弯曲了的线性模型,在其他模型中也能够找到线性模型的影子。

3)快速原型模型

快速原型模型的第一步是建造一个快速原型,实现客户或未来的用户与系统的交互,用户或客户对原型进行评价,进一步细化待开发软件的需求。通过逐步调整原型使其满足客户的要求,开发人员可以确定客户的真正需求是什么;第二步则在第一步的基础上开发客户满意的软件产品。

显然,快速原型方法可以克服瀑布模型的缺点,减少由于软件需求不明确带来的开发风险,具有显著的效果。

快速原型的关键在于尽可能快速地建造出软件原型,一旦确定了客户的真正需求,所建造的原型将被丢弃。因此,原型系统的内部结构并不重要,重要的是必须迅速建立原型,随之迅速修改原型,以反映客户的需求。

4)增量模型

增量模型又称演化模型。与建造大厦相同,软件也是一步一步建造起来的。在增量模型中,软件被作为一系列的增量构件来设计、实现、集成和测试,每一个构件是由多种相互作用的模块所形成的提供特定功能的代码片段构成。增量模型在各个阶段并不交付一个可运行的完整产品,而是交付满足客户需求的一个子集的可运行产品。整个产品被分解成若干个构件,开发人员逐个构件地交付产品,这样做的好处是软件开发可以较好地适应变化,客户可以不断地看到所开发的软件,从而降低开发风险。但是,增量模型也存在以下缺陷:

①由于各个构件是逐渐并入已有的软件体系结构中的,所以加入构件必须不破坏已构造好的系统部分,这需要软件具备开放式的体系结构。

②在开发过程中,需求的变化是不可避免的。增量模型的灵活性可以使其适应这种变化的能力大大优于瀑布模型和快速原型模型,但也很容易退化为边做边改模型,从而使软件过程的控制失去整体性。

在使用增量模型时,第一个增量往往是实现基本需求的核心产品。核心产品交付用户使用后,经过评价形成下一个增量的开发计划,它包括对核心产品的修改和一些新功能的发布。这个过程在每个增量发布后不断重复,直到产生最终的完善产品。

例如,使用增量模型开发文字处理软件。可以考虑,第一个增量发布基本的文件管理、编辑和文档生成功能;第二个增量发布更加完善的编辑和文档生成功能;第三个增量实现拼写和文法检查功能;第四个增量完成高级的页面布局功能。

5)螺旋模型

1988年,Barry Boehm正式发表了软件系统开发的"螺旋模型",它将瀑布模型和快速原型模型结合起来,强调了其他模型所忽视的风险分析,特别适合于大型复杂的系统。螺旋模型沿着螺线进行若干次迭代,图中的4个象限代表了以下活动:

①制定计划:确定软件目标,选定实施方案,弄清项目开发的限制条件。

②风险分析:分析评估所选方案,考虑如何识别和消除风险。

③实施工程:实施软件开发和验证。

④客户评估:评价开发工作,提出修正建议,制定下一步计划。

螺旋模型由风险驱动,强调可选方案和约束条件从而支持软件的重用,有助于将软件

质量作为特殊目标融入产品开发之中。但是,螺旋模型也有一定的限制条件,具体如下:

①螺旋模型强调风险分析,但要求许多客户接受和相信这种分析,并做出相关反应是不容易的,因此,这种模型往往适应于内部的大规模软件开发。

②如果执行风险分析将大大影响项目的利润,那么进行风险分析毫无意义,因此,螺旋模型只适合于大规模软件项目。

③软件开发人员应该擅长寻找可能的风险,准确地分析风险,否则将会带来更大的风险。

一个阶段首先是确定该阶段的目标,完成这些目标的选择方案及其约束条件,然后从风险角度分析方案的开发策略,努力排除各种潜在的风险,有时需要通过建造原型来完成。如果某些风险不能排除,该方案立即终止,否则启动下一个开发步骤。最后,评价该阶段的结果,并设计下一个阶段。

6)演化模型

演化模型是一种全局的软件(或产品)生存周期模型。属于迭代开发方法。该模型可以表示为:

第一次迭代(需求→设计→实现→测试→集成)→反馈→第二次迭代(需求→设计→实现→测试→集成)→反馈→……

即根据用户的基本需求,通过快速分析构造出该软件的一个初始可运行版本,这个初始的软件通常称为原型,然后根据用户在使用原型的过程中提出的意见和建议对原型进行改进,获得原型的新版本。重复这一过程,最终可得到令用户满意的软件产品。采用演化模型的开发过程,实际上就是从初始的原型逐步演化成最终软件产品的过程。演化模型特别适用于对软件需求缺乏准确认识的情况。

7)喷泉模型

喷泉模型(也称面向对象的生存期模型,OO 模型)与传统的结构化生存期比较,具有更多的增量和迭代性质,生存期的各个阶段可以相互重叠和多次反复,而且在项目的整个生存期中还可以嵌入子生存期。就像水喷上去又可以落下来,可以落在中间,也可以落在最底部。

8)智能模型

智能模型拥有一组工具(如数据查询、报表生成、数据处理、屏幕定义、代码生成、高层图形功能及电子表格等),每个工具都能使开发人员在高层次上定义软件的某些特性,并把开发人员定义的这些软件自动地生成为源代码。

这种方法需要四代语言(4GL)的支持。4GL 不同于三代语言,其主要特征是用户界面极端友好,即使没有受过训练的非专业程序员,也能用它编写程序;它是一种声明式、交互式和非过程性编程语言。4GL 还具有高效的程序代码、智能缺省假设、完备的数据库和应用程序生成器。市场上流行的 4GL(如 Foxpro 等)都不同程度地具有上述特征。但 4GL 主要应用于事务信息系统的中、小型应用程序的开发。

9）混合模型

过程开发模型又称混合模型（Hybrid Model），或元模型（meta-model），把几种不同模型组合成一种混合模型，它允许一个项目能沿着最有效的路径发展，这就是过程开发模型（或混合模型）。实际上，一些软件开发单位都是使用几种不同的开发方法组成他们自己的混合模型。

10）RAD 模型

快速应用开发（RAD）模型是一个增量型的软件开发过程模型，强调极短的开发周期。RAD 模型是瀑布模型的一个"高速"变种，通过大量使用可复用构件，采用基于构件的建造方法赢得快速开发。如果需求理解得好且约束了项目的范围，随后是数据建模、过程建模、应用生成、测试及反复。

RAD 模型各个活动期所要完成的任务如下：

①业务建模：以什么信息驱动业务过程运作、要生成什么信息、谁生成它、信息流的去向是哪里、由谁处理，可以辅之以数据流图。

②数据建模：为支持业务过程的数据流找数据对象集合，定义数据对象属性，与其他数据对象关系构成数据模型，可辅之以 E-R 图。

③过程建模：使数据对象在信息流中完成各业务功能。创建过程以描述数据对象的增加、修改、删除、查找，即细化数据流图中的处理框。

④应用程序生成：利用第四代语言（4GL）写出处理程序，重用已有构件或创建新的可重用构件，利用环境提供的工具自动生成并构造出整个应用系统。

⑤测试与交付：由于大量重用，一般只做系统测试，但新创建的构件还是要测试的。

每个软件开发组织应该选择适合于该组织的软件开发模型，并且应该随着当前正在开发的特定产品特性而变化，以减少所选模型的缺点，充分利用其优点。下面列出了几种常见模型的优缺点。

表 1.6　常见模型优缺点表

模型	优点	缺点
瀑布模型	文档驱动	系统可能不满足客户的需求
快速原型模型	满足客户需求	系统设计差、效率低，难于维护
增量模型	开发早期反馈及时，易于维护，需要开放式体系结构	效率低下
螺旋模型	风险驱动	风险分析人员需要有经验且经过充分训练

1.3.3　软件过程能力评估及 CMM/CMMI

软件测试作为软件工程中的重要一环，是项目成败的一个不可忽略的内容。

不同的软件企业采用不一样的开发模式,不同的项目采用不同的开发过程,不同的产品适合采用不同的软件工程方法。那么对于不同的软件开发模式或开发过程,测试人员如何找准自己的位置,如何更好地配合这个过程呢?

在 20 世纪 60 年代左右,美国军方在对联邦项目(由承包商完成的)的一项统计中,发现软件行业较为混乱,软件质量不高。但是,它又要用这些软件承包商开发的软件。后来,美国软件工程研究所(SEI)受美国国防部委托立项,要求提出一个模型,以评估软件承包商的能力,协助软件组织改进过程,提高过程能力。

项目负责人是:Watts Humphrey(CMM 之父)。研究了大约 1 年多,拿出了他们的成果,于 1987 年发表承包商软件工程师能力评估方法,提出初始框架,根据这个框架来评估软件承包商的能力。那个时候,这个框架不叫 CMM,而是叫作 PMM(Process Maturity Model,流程成熟度模型),用于规范流程。

1991 年推出 CMM1.0 版,1993 年提出 CMM1.1 版,维护到了 2000 年左右,由于不同行业的软件不同,分类又有很多,又制定了不同的模型。

就像江湖一样,虽然分为各个流派,但总有人要一统江湖,那就是 CMMI(Capability Maturity Model Integration For Software,软件能力成熟度模型集成),是在 CMM(Capability Maturity Model For Software,软件能力成熟度模型)的基础上发展而来的。

按照软件工程的两大流派,可以分成“流程派”和“个体派”。“流程派”以 CMMI 和 ISO 为代表,强调按既定的流程工作。“个体派”以新兴的敏捷开发为代表,强调人在过程中发挥价值。

CMM:其英文全称为 Capability Maturity Model for Software,英文缩写为 SW-CMM,简称 CMM。它是对于软件组织在定义、实施、度量、控制和改善其软件过程的实践中各个发展阶段的描述。CMM 的核心是把软件开发视为一个过程,并根据这一原则对软件开发和维护进行过程监控和研究,以使其更加科学化、标准化、使企业能够更好地实现商业目标。

那么 CMM 是如何评估软件承包商能力的呢? 从以下几个方面展开:

①软件流程能力:遵循标准的软件流程,有多大可能达到预计的结果。软件流程能力提供一种有效的手段,可以预计软件组织承担某个项目最有可能出现的结果。

②软件流程性能:遵循标准的软件流程,真正达到的结果是怎么样的,换而言之,软件流程能力是表示期望的结果,而软件流程性能表述的是软件表达的实际结果。

③软件流程成熟度:指一个特定的流程,在多大程度上被明白无误地定义、管理、衡量和控制,以及软件表达的效果是怎么样的。一个软件组织的软件流程成熟度是预示着它的软件流程能力有多大的发展潜力,这不仅指它的软件流程的丰富性、完备性,并且代表软件流程要做到一致。

CMMI 全称为 Capability Maturity Model Integration,即能力成熟度模型集成(也称为软件能力成熟度集成模型),是美国国防部的一个设想,其目的是帮助软件企业对软件工程过程进行管理和改进,增强开发与改进能力,从而能按时地、不超预算地开发出高质量的软件。其所依据的想法是:只要集中精力持续努力去建立有效的软件工程过程的基础结构,不断进行管理的实践和过程的改进,就可以克服软件开发中的困难。

CMM 是一种用于评价软件承包能力并帮助其改善软件质量的方法,侧重于软件开发过程的管理及工程能力的提高与评估。CMM 分为 5 个等级:1 级为初始级,2 级为可重复级,3 级为已定义级,4 级为已管理级,5 级为优化级。

CMM/CMMI 将软件过程的成熟度分为 5 个等级,以下是 5 个等级的基本特征:

①初始级(initial)。工作无序,项目进行过程中常放弃当初的计划。管理无章法,缺乏健全的管理制度。开发项目成效不稳定,项目成功主要依靠项目负责人的经验和能力,他一旦离去,工作秩序面目全非。

②可重复级(Repeatable)。管理制度化,建立了基本的管理制度和规程,管理工作有章可循。初步实现标准化,开发工作比较好地按标准实施。变更依法进行,做到基线化,稳定可跟踪,新项目的计划和管理基于过去的实践经验,具有重复以前成功项目的环境和条件。

③已定义级(Defined)。开发过程,包括技术工作和管理工作,均已实现标准化、文档化。建立了完善的培训制度和专家评审制度,全部技术活动和管理活动均可控制,对项目进行中的过程、岗位和职责均有共同的理解。

④已管理级(Managed)。产品和过程已建立了定量的质量目标。开发活动中的生产率和质量是可量度的。已建立过程数据库。已实现项目产品和过程的控制。可预测过程和产品质量趋势,如预测偏差,实现及时纠正。

⑤优化级(Optimizing)。可集中精力改进过程,采用新技术、新方法。拥有防止出现缺陷、识别薄弱环节以及加以改进的手段。可取得过程有效性的统计数据,并可根据数据进行分析,从而得出最佳方法。

CMMI 的二级关键域包括软件质量保证,主要需要解决的问题是培训、测试、技术评审等。这是任何一个想从混乱的初始级别上升到可重复级别的软件组织需要关注和解决的问题。

对于软件测试,在这个阶段需要考虑的是测试是否有规范的流程,与开发人员如何协作,Bug 如何记录和跟踪。还需要关注测试人员的技能水平是否达到一定的要求,是否建立起培训机制。

1.4 软件工程与软件测试

软件开发与软件测试都是软件项目中非常重要的组成部分,软件开发是生产制造软件产品,软件测试是检验软件产品是否合格,两者密切合作才能保证软件产品的质量。

软件中出现的问题并不一定都是编码引起的,软件在编码之前都会经过问题定义、需求分析、软件设计等阶段,软件中的问题也可能是前期阶段引起的,如需求不清晰、软件设计有纰漏等,因此在软件项目的各个阶段进行测试是非常有必要的。测试人员从软件项目规划开始就参与其中,了解整个项目的过程,及时查找软件中存在的问题,改善软件的质量。软件测试在项目各个阶段的作用如下所示:

● 项目规划阶段:负责从单元测试到系统测试的整个测试阶段的监控。

●需求分析阶段:确定测试需求分析,即确定在项目中需要测试什么,同时制定系统测试计划。

●概要设计与详细设计阶段:制订单元测试计划和集成测试计划。

●编码阶段:开发相应的测试代码和测试脚本。

●测试阶段:实施测试并提交相应的测试报告。

软件测试贯穿软件项目的整个过程,但它的实施过程与软件开发并不相同。软件开发是一个自顶向下、逐步细化的过程,软件计划阶段定义软件作用域;软件需求分析阶段建立软件信息域、功能和性能需求、约束等;软件设计阶段把设计用某种程序设计语言转换成程序代码,即选定编程语言、设计模块接口等。

软件测试与软件开发过程相反,它是自底向上、逐步集成的过程。对每个程序模块进行单元测试,消除程序模块内部逻辑和功能上的错误和缺陷;对照软件设计进行集成测试,检测和排除子系统或系统结构上的错误;对照需求,进行确认测试;最后从系统整体出发,运行系统,看是否满足要求。

软件测试与软件开发的关系可用图 1.1 表示。

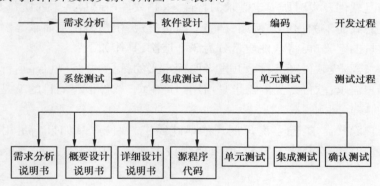

图 1.1　软件测试与软件开发的关系

习　题

1.简述软件的定义及其发展。

2.简述软件缺陷产生的原因。

3.简述软件缺陷的生命周期。

4.简述软件工程的三要素。

5.简述软件开发与软件测试的关系。

第2章 软件测试概述

软件产品与其他产品一样,都是有质量要求的。软件质量关系着软件使用程度与使用寿命。一款高质量的软件,除了满足客户的显式需求外,还满足了客户隐式需求。

2.1 软件质量概述

2.1.1 软件质量层次

软件质量是指软件产品满足用户基本需求及隐式需求的程度。软件产品满足基本需求是指其能满足软件开发时所规定需求的特性,这是软件产品最基本的质量要求;其次是软件产品满足隐式需求的程度。例如,产品界面更美观、用户操作更简单等。

从软件质量的定义,可将软件质量分为3个层次,具体如下:

①满足需求规定:软件产品符合开发者明确定义的目标,并且能可靠运行。

②满足用户需求:软件产品的需求是由用户产生的,软件最终的目的就是满足用户需求,解决用户的实际问题。

③满足用户隐式需求:除了满足用户的显式需求,软件产品如果满足用户的隐式需求,即潜在的可能需要在将来开发的功能,将会极大地提升用户满意度,这就意味着软件质量更高。

所谓高质量的软件,除了满足上述需求外,对于内部人员来说,它应该也是易于维护与升级的。软件开发时,统一的符合标准的编码规范、清晰合理的代码注释、形成文档的需求分析、软件设计等资料对于软件后期的维护与升级都有很大的帮助,同时,这些资料也是软件质量的一个重要体现。

现代社会处处离不开软件,为保证人们生活工作正常有序进行,就要严格控制好软件的质量。由于软件自身的特点和目前的软件开发模式使得隐藏在软件内部的质量缺陷无法完全根除,因此每一款软件都会存在一些质量问题。影响软件质量的因素有很多,下面介绍几种比较常见的影响因素。

1)需求模糊

在软件开发之前,确定软件需求是一项非常重要的工作,它是指导软件设计与软件开发的基础,也是决定软件验收的标准。但是软件需求是不可视的,往往也说不清楚,导致产品设计、开发人员与客户存在一定的理解偏差。开发人员对软件的真正需求不明确,结果开发出的产品与实际需求不符合,这势必会影响软件的质量。

除此之外,在开发过程中客户往往会一而再、再而三地变更需求,导致开发人员频繁地修改代码,这可能会导致软件在设计时期存在不能调和的误差,最终影响软件的质量。

2)软件开发缺乏规范性文件指导

现代软件开发,大多数团队都将精力放在开发成本与开发周期上,而不太重视团队成员的工作规范,导致团队队员开发"随意性"比较大,这也会影响软件质量,而且一旦最后软件出现质量问题,也很难定责,导致后期维护困难。

3)软件开发人员问题

软件是由人开发出来的,因此个人意识对产品的影响非常大。除了个人技术水平限制外,开发人员问题还包括人员流动,新来的成员可能会继承上一任的产品接着开发下去,两个人的思维意识、技术水平等都会不同,导致软件开发前后不一致,进而影响软件质量。

4)缺乏软件质量控制管理

在软件开发行业,并没有一个量化的指标去度量一款软件的质量,软件开发的管理人员更关注开发成本和进度,毕竟这是显而易见的,并且是可以度量的。但软件质量则不同,软件质量无法用具体的量化指标去度量,而且软件开发的质量并没有落实到具体的责任人,因此很少有人关心软件最终的质量。

2.1.2 软件质量管理

所有从事软件生产的人员都要学习软件质量,包括软件分析人员、设计人员、开发人员、测试人员及维护人员。在软件质量管理中,主要学习软件质量的定义、软件质量管理体系、软件质量模型、软件质量活动。其中,要着重关注软件质量模型部分。

质量管理在不断发展过程中,经历了三个阶段。

第一阶段,检验质量管理(19世纪末至20世纪初):有专门的质量检验部门和人员,以事后检验为主。其缺点是:产品都生产好了再检查,往往为时已晚,检查出来不合格的产品都将沦为废品。那么怎么提高良品率呢,质量管理的发展来到了第二阶段。

第二阶段,统计质量控制(20世纪40年代至20世纪60年代):强调统计方法,基于数学上的统计。通过历史数据得出规律,指导将来的项目。根据这些数据以及某些规律,发现质量问题不是只在某一个环节出了问题,而是出现在整个产品的生产周期内。而此时质量管理发展到了第三阶段。

第三阶段,全面质量管理:将质量控制扩展到产品生命周期全过程,强调全体员工参与质量把控。

全面质量管理代表人物:

克劳斯比(Crosby):美国质量之父。著名理论:ZD(Zero Defect)零缺陷。

朱兰(Juran):最著名的一句话,适合使用。著名的质量三部曲:《质量计划》《质量控制》《质量改进》。

戴明(Deming):最著名的就是PDCA循环。PDCA循环是美国质量管理专家休哈特博士首先提出的,由戴明采纳、宣传,获得普及,所以又称戴明环。全面质量管理的思想基础和方法依据就是 PDCA 循环。PDCA 循环的含义是将质量管理分为四个阶段,即计划(Plan)、执行(Do)、检查(Check)、处理(Act)。在质量管理活动中,要求把各项工作按照作出计划、计划实施、检查实施效果,然后将成功的纳入标准,不成功的留待下一循环去解决。这一工作方法是质量管理的基本方法,也是企业管理各项工作的一般规律。

思想的碰撞,产生了各种体系,这就是质量管理体系的诞生。质量管理体系给控制质量、管理质量提供了支撑的框架。常用的质量管理体系:

ISO9000 系列,通用的质量管理体系。如 ISO9126 质量模型就说明了怎样从不同的角度去考察软件的质量。ISO9000 质量管理体系是国际标准化组织(ISO)制定的国际标准之一,在 1987 年提出的概念,是指"由 ISO/TC176(国际标准化组织质量管理和质量保证技术委员会)制定的所有国际标准"。该标准可帮助组织实施并有效运行质量管理体系,是质量管理体系通用的要求和指南。我国在 20 世纪 90 年代将 ISO9000 系列标准转化为国家标准,随后,各行业也将 ISO9000 系列标准转化为行业标准。

ISO9000 族 2000 版标准主要由 ISO9000、ISO9001 和 ISO9004 三个核心标准组成。

ISO9000 阐明了 ISO9000:2000 版标准制定的管理理念和原则,确定了新版标准的指导思想和理论基础,规范和确定了新版 ISO9004 族标准所使用的概念和术语。

ISO9001 标准对组织质量管理体系必须履行的要求做了明确的规定,是对产品要求的进一步补充。

ISO9004 是组织进行持续改进的标准指南。

ISO9000:2000 版的八项质量管理原则见表 2.1。

表 2.1 ISO9000:2000 版的八项质量管理原则

序号	原则	内容	ISO9001 标准条款
一	以顾客为中心	组织依存于其顾客,因此,组织应理解顾客当前和未来的需求,满足顾客要求,争取超越顾客期望。	0.1、5.2、7.2.1、7.2.3、7.3、7.5.3、7.5.4、8.2.1
二	领导作用	领导者将组织的宗旨、方向和内部环境统一起来,并创造使用员工能够充分参与实现组织目标的环境。	5.1、5.3、5.4.1、5.4.2、5.5.2、5.5.3、5.6、6.1
三	全员参与	各级人员是组织之本,只有他们的充分参与,才能使他们的才干为组织带来最大的效益。	5.1、5.3、6.2、7.5.4
四	过程方法	将相关的资源和活动作为过程进行管理,可以更高效地得到期望的结果。	0.3、5、6、7、8(标准的每一条款都涉及过程)
五	管理的系统方法	针对设定的目标,识别、理解并管理一个由相互关联的过程所组成的体系,有助于提高组织的有效性和效率	4.1、7.1、8.2.2

续表

序号	原则	内容	ISO9001标准条款
六	持续改进	持续改进是组织的一个永恒的目标	5.2、5.6、7.5、8.2.2、8.5.1、8.5.3
七	基于事实的决策方法	对数据和信息的逻辑分析或者直觉判断是有效决策的基础。	7.5.2、7.5.5、7.6、8.2.3、8.3、8.4、8.5.2、8.5.3
八	互利的供方关系	通过互利的关系,增强组织及其供方创造价值的能力	7.4、8.3

八项质量管理原则的意义:

①是质量管理的理论基础。

②用高度概括、易于理解的语言所表述的质量管理的最基本、最通用的一般性规律。

③为组织建立质量管理体系提供了理论依据。

④是组织的领导者有效地实施质量管理工作必须遵循的原则。

CMM质量体系。其英文全称为Capability Maturity Model for Software,英文缩写为SW-CMM,简称CMM。它是对于软件组织在定义、实施、度量、控制和改善其软件过程的实践中各个发展阶段的描述。CMM的核心是把软件开发视为一个过程,并根据这一原则对软件开发和维护进行过程监控和研究,以使其更加科学化、标准化,使企业能够更好地实现商业目标。

软件行业要遵循ISO9000,但是应该根据软件行业的特点和特殊性,有更具体的体系标准,这就是CMM(Capability Maturity Model,能力成熟度模型)。

既然是模型,就有对应的实体:软件组织,解决按时、按计划、高质量完成软件开发。

CMM用途是多样性的:流程成熟度内部评估、第三方评估、流程的改进。

CMM的用途:

①评估组用来识别组织中的强项和弱点。

②评价组用来识别不同的业务承包商的风险和监督合同。

③管理者用来了解其组织的能力,并了解为了提高其能力成熟度而进行软件过程改进所需要进行的活动。

④技术人员和过程改进组用来作为指南,指导他们在组织中定义和改进软件的过程。

六西格玛质量体系是非常精密的质量管理体系,适合大规模的生产,并且保证极低的废品率。

这里的西格玛指的是统计学的偏差,表示数据的离散程度。那六西格玛就是六倍的西格玛,也就是六倍的标准偏差。

六西格玛管理法:

①六西格玛管理法是以质量作为主线,以客户需求为中心,利用对事实和数据的分

析,改进提升一个组织的业务流程能力,从而增强企业竞争力,是一套灵活、综合性的管理方法体系。

②六西格玛要求企业完全从外部客户角度,而不是从自己的角度来看待企业内部的各种流程。

③利用客户的要求来建立标准,设立产品与服务的标准与规格,并以此来评估企业流程的有效性与合理性。

④它通过提高企业流程的绩效来提高产品服务的质量和提升企业的整体竞争力。

⑤通过贯彻实施来整合塑造一流的企业文化。

六西格玛模式的本质是一个全面管理概念,而不仅仅是质量提高手段。

软件项目质量管理的目标无疑是保证软件产品的质量。但是,对于一个具体的软件项目来说,保证软件产品的质量并不意味着追求"完美的质量"。

对于绝大多数普通软件来说,没有必要付出巨大代价追求"零缺陷",如果由于追求完美质量而造成严重的成本超支和进度拖延,而获得的质量提升为用户所带来的效益又极为有限,就得不偿失了。

在软件项目中,软件的各种质量属性并不是同等重要,项目组织应该把关注点放在那些用户最关心的、对软件整体质量影响最大的质量属性上,这些质量属性称为"质量要素"。

软件项目质量管理的目标是在项目整体目标的约束之下,使软件质量满足用户需求。

质量管理计划就是为了实现项目的质量目标,对项目的质量管理工作所做的全面规划。软件项目质量管理计划一般应满足以下要求:

①确定项目应达到的质量目标和所有特性的要求。

②确定项目中的质量活动和质量控制程序。

③确定项目采用的控制手段及合适的验证手段和方法。

④确定和准备质量记录。

2.2　软件测试

测试是所有工程学科的基本组成单元。对于软件工程而言,软件测试是软件开发的重要组成部分,是软件工程的重要分支。软件测试是确保软件质量的重要一环,测试是手段,质量是目的,属于软件工程领域。自程序设计起,测试就一直伴随着。为了保证软件产品的质量,软件测试工作越来越重要,测试对于软件生产来说是必需的,问题是我们应该思考采用什么方法?如何安排测试?

2.2.1　软件测试发展历程

软件测试是伴随着软件的产生而产生的。

1)测试等同于调试

早期的软件开发过程中,那时软件规模都很小、复杂程度低,软件开发的过程混乱无序、相当随意,测试的含义比较狭窄,开发人员将测试等同于调试,目的是纠正软件中已经知道的故障,常常由开发人员自己完成这部分工作。对测试的投入极少,测试介入也晚,常常是等到形成代码,产品已经基本完成时才进行测试。

直到 1957 年,软件测试才开始与调试区别开来,作为一种发现软件缺陷的活动。由于一直存在着"为了让我们看到产品在工作,就得将测试工作往后推一点"的思想,潜意识里对测试的目的就理解为"使自己确信产品能工作"。测试活动始终后于开发的活动,测试通常被作为软件生命周期中最后一项活动而进行。当时也缺乏有效的测试方法,主要依靠"错误推测 Error Guessing"来寻找软件中的缺陷。因此,大量软件交付后,仍存在很多问题,软件产品的质量无法保证。

2)测试是一种发现软件缺陷的活动

在软件工程建立之前的 20 世纪 60 年代,软件测试是为表明程序正确而进行的测试。

到了 20 世纪 70 年代,这个阶段开发的软件仍然不复杂,但人们已开始思考软件开发流程的问题,尽管对软件测试的真正含义还缺乏共识,但这一词条已经频繁出现,一些软件测试的探索者建议在软件生命周期的开始阶段就根据需求制定测试计划,这时也涌现出一批软件测试的宗师,Bill Hetzel 博士就是其中的领导者。

3)现代软件测试定义的产生

20 世纪 80 年代早期,质量的号角开始吹响,各个软件企业开始建立 QA、SQA 部门及其演化流程,软件测试的定义发生了改变。测试不单纯是一个发现错误的过程,而且包含软件质量评价的内容,人们制定了各类标准。

20 世纪 80 年代后期,Paul Rook 提供了著名的软件测试 V 模型,旨在改进软件开发的效率和效果。从此,软件测试模型与软件测试标准的研究也随着软件工程的发展而越来越深入。

20 世纪 90 年代,测试工具盛行起来。

1996 年提出了测试能力成熟度模型(TCMM)、测试支持度模型(TSM)、测试成熟度模型(TMM)。

到了 2002 年,Rick 和 Stefan 在《系统的软件测试》一书中对软件测试做了进一步定义:测试是为了度量和提高被测软件的质量,对测试软件进行工程设计、实施和维护的整个过程。

软件测试的定义:

Bill Hetzel 博士的软件测试定义:软件测试的定义最早在 1973 年提出来的。他认为软件测试的目的是建立一种信心,认为程序能够按预期的设想运行。后来在 1983 年他又将定义修订为:评价程序和系统的属性或功能,并确定它是否达到预期的结果。软件测试就是以此为目的的各种行为。在他的定义中,"预期的结果"其实就是我们现在所说的用户需求或功能设计。他还把软件的质量定义为符合要求。他的思想的核心观点是:测试方法是试图验证软件是工作的,即软件的功能是安装预先的设计执行的,以正向思维,针对软件系统的所有功能点,逐个验证正确性。软件测试业界把这种方法看作软件测试的第一类方法。

Geenford Myers 的软件测试定义：他认为测试不应该着眼于验证软件是工作的，相反应该首先认定软件是有错误的，然后用逆向思维去发现尽可能多的错误。他对软件测试的定义：测试是为了发现错误而执行的一个程序或系统的过程。

Myers 提出的测试的目的推翻了过去为表明软件正确而进行测试的错误认识，为软件测试的发展指出了方向，软件测试的理论、方法在之后得到了长足的发展。第二类软件测试方法在业界也很流行，受到很多学术界专家的支持。

总的来说，第一类测试可以简单抽象地描述为这样的过程：在设计规定的环境下运行软件的功能，将其结果与用户需求或设计结果相比较，如果相符，则测试通过，如果不相符，则视为 BUG。这一过程的终极目标是将软件的所有功能在所有设计规定的环境下全部运行并通过。

而第二类测试方法与需求和设计没有必然的关联，更强调测试人员发挥主观能动性，用逆向思维方式，不断思考开发人员理解的误区、不良的习惯、程序代码的边界、无效数据的输入以及系统各种的弱点，试图破坏系统、摧毁系统，目标就是发现系统中各种各样的问题。这种方法往往能够发现系统中存在的更多缺陷。

到了 20 世纪 80 年代初期，软件和 IT 行业开始了大发展，软件趋向大型化、高复杂度，软件的质量越来越重要。这个时候，一些软件测试的基础理论和实用技术开始形成，并且人们开始为软件开发设计了各种流程和管理方法，软件开发的方式也逐渐由混乱无序的开发过程过渡到结构化的开发过程。

事实上，从广义上讲，软件测试是指软件产品生命周期内所有的检查、评审和确认活动，如设计评审、系统测试；从狭义上讲，软件测试是对软件产品质量的检验和评价。它一方面检查软件产品中存在的质量问题，同时对产品质量进行客观的评价。基于这些认识，我们可以给出软件测试的含义：软件测试就是在软件投入运行前，对软件需求分析、设计规格说明和编码的最终复查，是软件质量保证的关键步骤。

2.2.2 软件测试目的

用户普遍希望通过软件测试暴露软件中隐藏的错误和缺陷，以考虑是否可接受该产品；软件开发者则希望测试成为表明软件产品中不存在错误的过程，验证该软件已正确地实现了用户的需求，确立人们对软件质量的信心。

早期人们做测试，所期望达到的目的有几点：测试是程序的执行过程，目的在于发现错误；一个好的测试用例在于能发现至今尚未发现的错误；一次成功的测试是发现了至今尚未发现的错误的测试。

软件测试的目的大家都能随口说出，如查找程序中的错误、保证软件质量、检验软件是否符合客户需求等。这些都对，但他们只是笼统地对软件测试目的进行了概括，比较片面。结合软件开发、软件测试与客户需求可以将软件测试的目的归纳为以下几点：

①对于软件开发来说，软件测试通过找到的问题缺陷帮助开发人员找到开发过程中存在的问题，包括软件开发的模式、工具、技术等方面存在的问题与不足，预防下次缺陷的

产生。

②对于软件测试来说,使用最少的人力、物力、时间等找到软件中隐藏的缺陷,保证软件的质量,也为以后软件测试积累丰富的经验。

③对于客户需求来说,软件测试能够检验软件是否符合客户需求,对软件质量进行评估和度量,为客户评审软件提供有力的依据。

当前关于软件测试目的的几种观点:

①软件测试的目的是尽可能发现并改正被测试软件中的错误,提高软件的可靠性。

②软件测试的目的就是保证软件质量。

软件测试一般要达到的具体目标:

①确保产品完成了它所承诺或公布的功能,并且所有用户可以访问到的功能都有明确的书面说明。

②确保产品满足性能和效率的要求。

③确保产品是健壮的且适应用户环境。

2.2.3　软件测试原则

软件测试经过几十年的发展,测试界提出了很多软件测试的基本原则,为测试管理人员和测试人员提供了测试指南。软件测试原则非常重要,测试人员应该在测试原则指导下进行测试活动。

软件测试的基本原则有助于测试人员进行高质量的测试,尽早、尽可能多地发现缺陷,并负责跟踪和分析软件中的问题,对存在的问题和不足提出疑问和改进,从而持续改进测试过程。

原则1:测试显示缺陷的存在。

测试可以显示缺陷的存在,但不能证明系统不存在缺陷。测试可以减少软件中存在缺陷的可能性,但即使测试没有发现任何缺陷,也不能证明软件或系统是完全正确的,或者说是不存在缺陷的。

原则2:穷尽测试是不可能的。

穷尽测试是不可能的,当满足一定的测试出口准则时测试就应当终止。考虑到所有可能输入值和它们的组合,以及结合所有不同的测试前置条件,这是一个天文数字,我们没有可能进行穷尽测试。在实际测试过程中,测试人员无法执行"天文"数字的测试用例。所以说,每个测试都只是抽样测试。因此,必须根据测试的风险和优先级,控制测试工作量,在测试成本、收益和风险之间求得平衡。

原则3:测试应尽早介入。

根据统计表明,在软件开发生命周期早期引入的错误占软件过程中出现所有错误(包括最终的缺陷)数量的50%~60%。此外,IBM的一份研究结果表明,缺陷存在放大趋势。如需求阶段的一个错误可能会导致N个设计错误,因此,越是测试后期,为修复缺陷所付出的代价就会越大。因此,软件测试人员要尽早地且不断地进行软件测试,以提高软件质量,降低软件开发成本。

原则4：缺陷的集群性。

Pareto原则表明"80%的错误集中在20%的程序模块中"，实际经验也证明了这一点。在通常情况下，大多数的缺陷只是存在于测试对象的极小部分中。缺陷并不是平均而是集群分布的。因此，如果在一个地方发现了很多缺陷，那么通常在这个模块中可以发现更多的缺陷。因此，测试过程中要充分注意错误集群现象，对发现错误较多的程序段或者软件模块，应进行反复的、深入的测试。

原则5：杀虫剂悖论。

杀虫剂用得多了，害虫就有免疫力，杀虫剂就发挥不了效力。在测试中，同样的测试用例被一遍一遍反复使用时，发现缺陷的能力就会越来越差。这种现象的主要原因在于测试人员没有及时更新测试用例，同时对测试用例及测试对象过于熟悉，形成思维定式。

为克服这种现象，测试用例需要经常评审和修改，不断增加新的不同的测试用例来测试软件或系统的不同部分，保证测试用例永远是最新的，即包含着最后一次程序代码或说明文档的更新信息。这样，软件中未被测试过的部分或者先前没有被使用过的输入组合就会重新执行，从而发现更多的缺陷。同时，作为专业的测试人员，要具有探索性思维和逆向思维，而不仅仅是做输出与期望结果的比较。

原则6：测试活动依赖于测试内容。

项目测试相关的活动依赖于测试对象的内容。对于每个软件系统，比如测试策略、测试技术、测试工具、测试阶段以及测试出口准则等的选择，都是不一样的。同时，测试活动必须与应用程序的运行环境和使用中可能存在的风险相关联。因此，没有两个系统可以以完全相同的方式进行测试。比如，对关注安全的电子商务系统进行测试，与一般的商业软件测试的重点是不一样的，它更多关注的是安全测试和性能测试。

原则7：没有失效不代表系统是可用的。

系统的质量特征不仅包括功能性要求，还包括很多其他方面的要求，比如稳定性、可用性、兼容性等。假如系统无法使用，或者系统不能完成客户的需求和期望，那么，这个系统的研发是失败。同时在系统中发现和修改缺陷也是没有任何意义的。

在开发过程中，用户的早期介入和接触原型系统就是为了避免这类问题的预防性措施。有时候，可能产品的测试结果非常完美，可最终的客户并不买账。因为，这个开发角度完美的产品可能并不是客户真正想要的产品。

原则8：测试的标准是用户的需求。

提供软件的目的是帮助用户完成预定的任务，并满足用户的需求。这里的用户并不特指最终软件测试使用者。比如，我们可以认为系统测试人员是系统需求分析和设计的客户。软件测试的最重要的目的之一是发现缺陷，因此，测试人员应该在不同的测试阶段站在不同用户的角度去看问题，系统中最严重的问题是那些无法满足用户需求的错误。

原则9：尽早定义产品的质量标准。

只有建立了质量标准，才能根据测试的结果，对产品的质量进行分析和评估。同样，测试用例应该确定期望输出结果。如果无法确定测试期望结果,则无法进行检验。必须用预先精确对应的输入数据和输出结果来对照检查当前的输出结果是否正确,做到有的放矢。

原则10:测试贯穿于整个生命周期。

由于软件的复杂性和抽象性,在软件生命周期的各个阶段都可能产生错误,测试的准备和设计必须在编码之前就开始,同时为了保证最终的质量,必须在开发过程的每个阶段都保证其过程产品的质量。因此不应当把软件测试仅仅看作是软件开发完成后的一个独立阶段的工作,应当将测试贯穿于整个生命周期始末。

软件项目一启动,软件测试就应该介入,而不是等到软件开发完成。在项目启动后,测试人员在每个阶段都应该参与相应的活动。或者说每个开发阶段,测试都应该对本阶段的输出进行检查和验证。比如在需求阶段,测试人员需要参与需求文档的评审。

原则11:第三方或独立的测试团队。

由于心理因素,人们潜意识都不希望找到自己的错误。基于这种思维定式,人们难于发现自己的错误。因此,由严格的独立测试部门或者第三方测试机构进行软件测试将更客观、公正,测试活动也会达到更好效果。

软件开发者应尽量避免测试自己的产品,应由第三方来进行测试,当然开发者需要在交付之前进行相关的自测。测试是带有破坏性的活动,开发人员的心理状态会影响测试的效果。同时对于需求规格说明的理解产生的错误,开发人员自己很难发现。

但是,第三方或者独立的测试团队这个原则,并不是认为所有的测试完全由他们来完成。一定程度的独立测试(可以避免开发人员对自己代码的偏爱),可以更加高效地发现软件缺陷和软件存在的失效。但独立测试不是完全的替代物,因为开发人员也可以高效地在他们的代码中找出很多缺陷。在软件开发的早期,开发人员对自己的工作产品进行认真的测试,这也是开发人员的一个职责之一。

2.3 软件测试分类

目前,软件测试已经形成一个完整的、体系庞大的学科,不同的测试领域都有不同的测试方法、技术与名称,软件测试按照所做工作的不同,可以分为很多的方面,一些常见的分类如下:

1)按照测试阶段分类

按照测试阶段可以将软件测试分为单元测试、冒烟测试、集成测试、系统测试与验收测试。这种分类方式与软件开发过程相契合,是为了检验软件开发各个阶段是否符合要求。

(1)单元测试

单元测试也可以称为模块测试——对软件的组成单位进行测试,目的是检验软件基本组成单位的正确性。测试的对象是软件测试的最小单位:模块。单元测试一般都是开发人员或者专业的白盒测试人员(这些需要对代码有很深的研究)来测试的。

（2）冒烟测试

对一个硬件或硬件组件进行更改或修复后，直接给设备加电。如果没有冒烟，则该组件就通过了测试。在软件中，"冒烟测试"这一术语描述的是在将代码更改嵌入到产品的源树之前对这些更改进行验证的过程。在检查了代码后，冒烟测试是确定和修复软件缺陷的最经济有效的方法。冒烟测试设计用于确认代码中的更改会按预期运行，且不会破坏整个版本的稳定性。

冒烟测试是在软件开发过程中的一种针对软件版本包的快速基本功能验证策略，是对软件基本功能进行确认验证的手段，并非对软件版本包的深入测试。冒烟测试也是针对软件版本包进行详细测试之前的预测试，执行冒烟测试的主要目的是快速验证软件基本功能是否有缺陷。如果冒烟测试的测试用例不能通过，则不必做进一步的测试。进行冒烟测试之前需要确定冒烟测试的用例集，对用例集要求覆盖软件的基本功能。这种版本包出包之后的验证方法通常称为软件版本包的门槛用例验证。

（3）集成测试

单元测试是一个模块内部的测试，当有多个单独的模块测试完成后，需要把这些模块放到一起进行整体的测试，这个测试称为集成测试。集成测试也称联调测试、组装测试，即将程序模块采用适当的集成策略组装起来，对系统的接口及集成后的功能进行正确性检测的测试工作。集成测试主要关注的是关联处比较复杂，容易发生错误的模块。集成测试是在模块之间进行测试（至少两个），将两个或者两个以上的模块进行组装。

（4）系统测试

系统测试指的是在真实或模拟系统运行的环境下，验证完整的程序系统是否可以正确运行，并满足用户的功能需求，这里完整的程序系统可以理解为把整个软件系统看作一个整体，包括软件和硬件。举个例子，当下公司正在开发一个新的支付系统，要求测试团队对它做系统测试。测试的目的就是要把各种功能模块全部搭建并运行起来，对它进行整体的功能测试、安全测试、性能测试等，以验证它的功能、安全性、性能等各方面表现是否满足用户需求。

（5）验收测试

验收测试是技术测试的最后一个阶段，也称为交付测试。验收测试是部署软件之前的最后一个测试阶段。验收测试的目的是确保软件准备就绪，向软件购买者展示该软件系统能够满足用户的需求，一般是以用户为主的测试。验收测试的常用策略有两种，正式验收和非正式验收。

2）按照测试技术分类

按照使用的测试技术可以将软件测试分为黑盒测试与白盒测试。

（1）黑盒测试

我们不需要去关心被测试软件里面的结构及实现逻辑如何，只需要关注测试软件的输入数据是什么，以及输出结果是否符合预期就可以了，这样的测试就称为黑盒测试。黑盒测试又称为数据驱动测试，它只检查程序是否能接收输入数据并产生正确的输出信息。

（2）白盒测试

白盒测试与黑盒测试正好相反，不关注外面只关注里面，也就是说盒子是透明的，我们可以清楚地看到盒子内部的东西以及内部的运作逻辑，针对内部逻辑进行的测试。

相对于黑盒测试，白盒测试对测试人员的要求会更高一些，它要求测试人员具有一定编程能力，而且要熟悉各种脚本语言。但是在软件公司里，黑盒测试与白盒测试并不是界限分明的，在测试一款软件时往往是黑盒测试与白盒测试相结合对软件进行完整全面的测试。

3）按照软件质量特性分类

按照软件质量特性可以将软件测试分为功能测试与性能测试。

（1）功能测试

功能测试是测试软件的功能是否满足客户的需求，包括准确性、易用性、适合性、互操作性等。

（2）性能测试

性能测试是测试软件的性能是否满足客户的需求，性能测试包括负载测试、压力测试、兼容性测试、可移植性测试和健壮性测试等。

4）按照自动化程度分类

按照自动化程度可以将软件测试分为手工测试与自动化测试。

（1）手工测试

手工测试是测试人员一条一条地执行代码完成测试工作。

（2）自动化测试

自动化测试是借助脚本、自动化测试工具等完成相应的测试工作，需要人工的参与，但是它也可以将要执行的测试代码或流程写成脚本，执行脚本完成整个测试工作。

5）按照测试类型分类

软件测试类型有多种，包括界面类测试、功能测试、性能测试、安全性测试、文档测试等，其中功能测试和性能测试前面已经介绍，下面介绍其他几种测试。

（1）界面类测试

界面类测试是验证软件界面是否符合客户需求，包括界面布局是否美观、按钮是否齐全等。

（2）安全性测试

安全性测试是测试软件在没有授权的内部或外部用户的攻击或恶意破坏时如何进行处理，是否能保证软件与数据的安全。

（3）文档测试

文档测试以需求分析、软件设计、用户手册、安装手册为主，主要验证文档说明与实际软件之间是否存在差异。

6）其他分类

还有一些软件测试无法具体归到哪一类，但在测试行业中也会经常进行这些测试，如

α 测试、β 测试、回归测试等。

（1）α 测试

α 测试主要可以由一个用户在开发环境进行的测试，也可以由公司内部的用户在模拟实际操作环境下进行的测试。

主要的目的是：评价软件产品的 FLURPS（即功能、局域化、可使用性、可靠性、性能和支持）。

（2）β 测试

β 测试：由软件的最终的用户们在一个或者多个客户场所进行的测试。

α 测试和 β 测试的区别：

测试的场所是不同的：α 测试是把用户请到开发方的场所进行的测试，β 测试值的是就是在一个用户或者多个用户场所所进行的测试。

α 测试的测试场所是由开发方进行控制的，用户的数量是相对比较少的，时间也是相对比较集中的。β 测试的测试场所不是由开发方进行控制的，相对来说用户的数量是相对比较多的，但是时间也不是很集中的。

α 测试是先于 β 测试的，通用的软件产品时需要大规模的 β 测试，测试周期是相对比较长的。

（3）回归测试

回归测试是指修改了旧代码后，重新进行测试以确认修改没有引入新的错误或导致其他代码产生错误。自动回归测试将大幅降低系统测试、维护升级等阶段的成本。

习 题

1.简述软件质量的 3 个层次。

2.简述影响软件质量的因素有哪些。

3.简述软件测试的定义。

4.简述软件测试的目的。

5.简述软件测试的模型。

第 3 章　软件测试生命周期

每个实体都有生命周期,一般指实体从开始到结束。"生命周期"这个词指从一个形式(状态)到另外一个形式(状态)的一系列的变化,这些变化可以发生在有形或无形的事情上。同样的软件测试也有生命周期,就像开发软件包括一系列的步骤,测试也有很多步骤。软件测试生命周期就是指软件测试过程,这个过程是按照一定顺序执行的一系列特定的步骤,去保证软件质量符合需求。在整个周期中,每个活动都应按照计划执行,每个阶段都有不同的目标和交付产物。

本章按照软件测试生命周期各阶段进行讨论。

首先,确定在测试过程中应该考虑到哪些问题,如何对测试进行计划,测试要达到什么目标,什么时候开始,在测试中要用到哪些信息资源。

其次,制订软件测试方案(制作测试用例),之后建立测试环境,执行测试。

最后,评估测试结果,检查是否达到已完成测试的标准,并报告进展情况。

软件测试生命周期各阶段如图 3.1 所示。

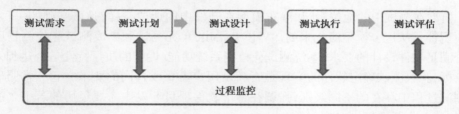

图 3.1　软件测试生命周期

3.1　软件测试过程模型

我们知道软件开发比较经典的模型有很多,比如瀑布模型、螺旋模型、增量模型、智能模型以及基于网络的面向对象模型等。这些模型贯穿软件开发的过程,但是这些模型中没有给予软件测试足够的重视。

虽然软件测试的发展比软件开发要短,但软件测试也已经总结出了很多的模型。这些模型将测试活动进行总结抽象。明确了软件测试与软件开发之间的关系,是测试管理的重要参考依据。

软件测试过程模型是对测试过程的一种抽象,用于定义软件测试的流程和方法。常见的软件测试过程模型有:V 模型、W 模型、H 模型、X 模型等。这些测试模型兼顾了软件开发过程,也都把开发过程进行了很好的总结,体现了测试与开发的融合。

1）V 模型

V 模型是最具有代表意义的测试模型，主要反映测试活动与分析设计活动的关系。

V 模型的策略既包括低层测试，又包括高层测试。低层测试是为了确保源代码的正确性，高层测试是为了使整个系统满足用户的需求。如图 3.2 所示，从左到右，描述了基本的开发过程和测试行为。

图中的箭头表示时间方向，左边下降的是开发过程各阶段，与此相对应的是右边上升的部分，即各个测试过程中的各个阶段。

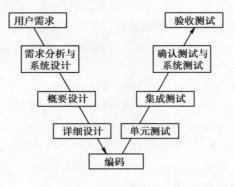

图 3.2　V 模型

V 模型在测试中的地位，就和瀑布模型在开发中的地位一样，是最基础的一种模型，其他模型都是从这个模型演化来的。V 模型指出，单元测试和集成测试应检测程序的执行是否满足软件设计的要求；系统测试应检测系统功能、性能的质量特性是否达到系统要求的指标；验收测试确定软件的实现是否满足用户需要或合同的要求。它非常明确地标明了测试过程中存在的不同级别，强调在整个软件项目开发中需要经历的若干个测试级别，并与每一个开发级别对应。

但是 V 模型也存在一定的局限性，它把测试作为编码之后的一个阶段，是针对程序运行的寻找错误的活动，而忽视了测试活动对需求分析、系统设计等活动的验证和确认的功能。需求分析等前期产生的错误直到后期的验收测试才能发现，测试的对象不应该仅仅包括程序，没有明确指出对需求、设计的测试。也就是说，V 模型没有明确说明早期的测试，不能体现"尽早地和不断地进行软件测试"的原则。

2）W 模型

在 V 模型中增加软件开发各个阶段中应同步进行的验证和确认活动，演化为一种 W 模型。W 模型可以说是 V 模型自然而然的发展。它强调测试伴随着整个软件开发周期，而测试的对象不仅仅是程序，需求、功能和设计同样要测试。

W 模型中测试与开发是同步进行的，从而有利于尽早地发现问题，强调的是过程的正确性和结果的正确性。比如：需求分析完成后，测试人员就可以参与到对需求的验证和确认活动中，以尽早地找出其中的缺陷；同时对需求的测试，也有利于测试人员及时了解项目难度和测试风险，可以及时制订应对措施，这将显著减少总体测试时间、加快项目进度。W 模型如图 3.3 所示。

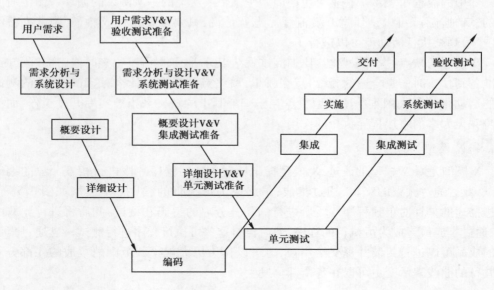

图 3.3   W 模型

W 模型仍存在局限性。在 W 模型中把开发活动看成是从需求开始到编码结束的串行活动;另外,测试和开发也保持着一种线性的前后关系,只有上一阶段完全结束,才可以开始下一个阶段的活。W 模型不能自发测试以及变更调整,不能支持迭代的开发模型。

3) H 模型

通过前面的学习我们知道,V 模型和 W 模型都把软件的开发视为需求、设计、编码等一系列串行活动。但实际情况是,这些开发各阶段活动在很多时候是可以交叉进行的,所以各个测试阶段之间并不存在严格次序关系。同时,各个层次的测试(如单元测试、集成测试、系统测试等)也存在反复触发、迭代的关系。所以上面的两种模型相对于当前软件开发工作复杂多变的情况,均存在一些不完美之处。

为了改善这种情况,有专家提出了 H 模型。软件测试 H 模型是一个独立的流程,贯穿于产品的整个生命周期,与其他流程并发进行,将测试准备活动与测试执行活动清晰地体现出来。软件测试原则"尽早准备,尽早执行",强调测试是独立的,只要测试准备完成,就可以执行测试。H 模型如图 3.4 所示。

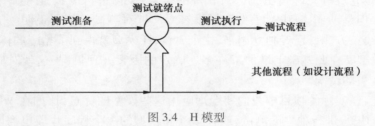

图 3.4   H 模型

图中的流程只表示了在整个生产周期中某个层次上的一次测试的循环。图中右侧所标的"其他流程"可以是任意开发流程。也就是说,只要测试条件成熟了,测试准备活动完成了,测试执行活动就可以进行了。

H模型的缺点过于模型化。比如测试就绪点分析困难:测试很多时候,你并不知道测试准备到什么时候是合适的,就绪点在哪里,就绪点的标准是什么,这就对后续的测试执行的启动带来很大困难。H模型重点在于理解其中的意义来指导实际开发工作,而模型本身并无太多的直接指导执行的作用。

4)X模型

X模型是对V模型的改进,X模型提出针对单独的程序片段进行相互分离的编码和测试,此后通过频繁的交接,通过集成,最终成为可执行的程序。X模型如图3.5所示。左边描述的是针对单独程序片段所进行的相互分离的编码和测试,此后将进行频繁的交接,通过集成最终成为可执行的程序,然后再对这些可执行程序进行测试。已通过集成测试的成品可以进行封装并提交给用户,也可以作为更大规模和范围内集成的一部分。多根并行的曲线表示变更可以在各个部分发生。

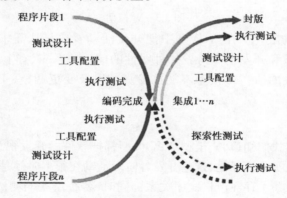

图3.5 X模型

由图3.5可见,X模型还定位了探索性测试,是指事先没有计划的特殊类型的测试,这一方式往往能帮助有经验的测试人员在测试计划之外发现更多的软件错误。不过探索性测试对测试员的熟练程度和能力要求比较高,否则测试可能造成人力、物力和财力的浪费。

以上介绍的这4种模型中,V模型强调了在整个软件项目开发中需要经历的若干个测试级别,但是它没有明确指出应该对软件的需求、设计进行测试,在这一点上,W模型得到了补充。但是W模型和V模型一样没有专门针对测试的流程说明。随着软件测试的不断发展,第三方测试已经独立出来,这个时候,H模型就得到了相应的体现,表现为测试独立。X模型又在此基础上增加了许多不确定的因素处理情况,这就对应了实际情况中项目经常变更的情况。

总而言之,在实际的项目中我们要合理应用这些模型的优点,比如在W模型下,合理运用H模型的思想进行独立的测试,或者参考X模型的一个程序片段也需要相关的集成测试的理论等,将测试和开发紧密结合,寻找最适合的测试方案。

3.2 软件测试计划

软件测试计划是一份描述软件的测试范围、测试环境、测试策略、测试管理、测试风险的文档。软件测试计划是作为软件项目计划的子计划，在项目启动前期是必须去规划制订的。《IEEE软件测试文档标准829—1998》将测试计划定义为"一个叙述了预定的测试活动的范围、途径、资源及进度安排的文档。它确认了测试项、被测特征、测试任务、人员安排，以及任何偶发事件的风险。"

依据这份测试计划，测试管理人员可以保持测试实施过程的顺畅沟通，跟踪和控制测试进度；测试人员就可以有计划地发现软件产品的缺陷，验证软件的可接受程度。接下来对制定软件测试计划的目的、制定测试计划的原则、如何制定测试计划等方面来详细介绍。

3.2.1 制订测试计划的目的

软件测试是有计划、有组织、有系统地对软件质量进行保证的活动，而不是随意的、松散的、杂乱的实施过程。为了规范软件测试内容、方法和过程，在对软件进行测试之前，必须创建软件测试计划。那么制订测试计划的目的主要有以下几点：

1）使软件测试工作进行得更顺利

在软件测试过程中，常常会遇到一些问题而导致测试工作被延误，事实上有许多问题是预先可以防范的。此外，测试计划中也要考虑测试风险，这些风险包括测试中断、设计规格不断变化、人员不足、人员测试经验不足等。对影响测试过程的问题，都要考虑到计划内容中，也就是说对测试项目的进行要做出最坏的打算，然后针对这些最坏的打算拟订最好的解决办法，尽量避开风险，使软件测试工作进行得更顺利。

2）加强参与项目人员之间的协调分工

测试计划将测试组织结构与测试人员的工作分配纳入其中，测试工作在测试计划中进行了明确的划分，可以避免工作的重复和遗漏，并且测试人员了解每个人所应完成的测试工作内容，并在测试方向、测试策略等方面达成一定的共识，这样使得测试人员之间沟通更加顺利，也可以确保测试人员在沟通上不会产生偏差。

3）使软件测试工作更便于管理

制订测试计划为了使整个软件测试工作系统化，这样可以使软件测试工作更易于管理。管理者能够根据测试计划做宏观调控，进行相应资源配置等。测试负责人可以根据测试计划跟踪测试进度。测试人员能够了解整个项目测试情况，以及项目测试不同阶段所要进行的工作。

3.2.2 制订测试计划的原则

测试计划是从测试组织管理的角度对一次测试活动进行的规划。它是对测试活动整个过程的组织、资源、原则等进行规定和约束,对测试过程各个阶段的任务以及时间进度安排,提出对各项任务的评估、风险分析和需求管理。制订软件测试计划可以参考以下几个原则:

1)测试计划反映项目的测试分析和需求管理,注重测试计划的实用性

测试计划要能从宏观上反映项目的测试任务、测试阶段、资源需求等,它只是测试的一个框架,所以不一定太过详细。测试计划的内容会因项目的级别、项目的大小、测试级别的不同而不同,所以它可以包括项目简介、测试环境、测试策略、风险分析、人员安排、资源分配等内容。测试计划不需要很复杂,要注重测试计划的实用性。事实上,测试计划越简洁易读,它就越有针对性。

2)测试计划是技术层面的文档,尽量多方面地评审测试计划

测试计划是从技术的角度对一次测试活动进行规划工具的设计、测试用例的设计、测试数据的设计。它是描述需要测试的特性、测试的方法、测试环境的规划、测试工具的设计和选择、测试用例的设计方法、测试代码的设计方案。所以,测试计划应该被评审,受控于质量控制。

3)尽早开始制订测试计划,保持测试计划的灵活性

尽早地开始制订测试计划可以使我们大致了解测试所需的资源,并且在项目的其他方面占用该资源之前进行测试。制订测试计划时应预期到测试过程中的各种不确定因素,要能在测试过程中方便地添加测试用例、测试数据等,测试计划部分内容应该是可变的。这种可变要在制订测试计划时限定在可控范围内。测试计划是指导测试过程的纲领性文件为整个测试阶段的管理工作和技术工作提供指南;确定测试的内容和范围,为评价系统提供依据。

3.2.3 制订测试计划

测试计划为整个测试阶段的管理工作和技术工作提供指南;确定测试的内容和范围,为评价系统提供依据。测试计划一般包括测试范围、测试策略、测试资源、测试进度和测试风险预估等部分,并且每部分要给出应对可能出现问题的解决办法,测试计划具体内容可以根据软件项目的规模大小、复杂程度来确定。如图 3.6 所示,左侧是《IEEE 829—1988 软件测试文档编制标准》中软件测试计划文档模板,右侧是某软件项目的测试计划文档目录。

编写软件测试计划要避免一种不良倾向是测试计划篇幅冗长,重点不突出,既浪费写作时间,也浪费测试人员的阅读时间。较好的处理方法是:把详细的测试技术指标包含到独立创建的测试详细规格文档中;把用于指导测试小组执行测试过程的测试用例放到独立创建的测试用例文档或测试用例管理数据库中。测试计划和测试详细规格、测试用例之间是战略和战术的关系,测试计划主要从宏观上规划测试活动的范围、方法和资源配置,而测试详细规格、测试用例是完成测试任务的具体战术。

1 引言……………………………………………………………………………
　1.1 系统概述…………………………………………………………………
　1.2 文档概述…………………………………………………………………
　1.3 基线………………………………………………………………………
2 引用文件………………………………………………………………………
3 软件测试环境…………………………………………………………………
　3.1 测试现场名称……………………………………………………………
　　3.1.1 软件项…………………………………………………………………
　　3.1.2 硬件及固件项…………………………………………………………
　　3.1.3 其他材料………………………………………………………………
　　3.1.4 所有权种类、需方权利和许可证……………………………………
　　3.1.5 安装、测试与控制……………………………………………………
　　3.1.6 参与组织………………………………………………………………
　　3.1.7 人员……………………………………………………………………
　　3.1.8 定向计划………………………………………………………………
　　3.1.9 要执行的测试…………………………………………………………
4 计划……………………………………………………………………………
　4.1 总体设计…………………………………………………………………
　　4.1.1 测试数…………………………………………………………………
　　4.1.2 测试类别………………………………………………………………
　　4.1.3 一般测试条件…………………………………………………………
　　4.1.4 测试过程………………………………………………………………
　　4.1.5 数据记录、归约和分析………………………………………………
　　4.1.6 计划执行的测试………………………………………………………
　　4.1.7 被测试项………………………………………………………………
　4.2 测试用例…………………………………………………………………
　4.3 测试进度表………………………………………………………………
5 评价……………………………………………………………………………
　5.1 评价准则…………………………………………………………………
　5.2 数据处理…………………………………………………………………
　5.3 结论………………………………………………………………………

图 3.6　测试计划

也可以利用“5W1H”规则创建软件测试计划，可以多问几个问题，借助 5W1H 分析法辅助编制测试计划。What（做什么）：测试范围和内容；Why（为什么做）：测试目的；When（何时做）：测试时间；Where（在哪里）：测试地点、文档和软件位置；Who（谁做）：测试人力资源；How（怎么做）：测试方法和工具。它们可以帮助测试团队理解测试的目的，明确测试的范围和内容，确定测试的开始和结束日期，指出测试的方法和工具，做出测试人员分工安排，给出测试文档和软件的存放位置。为了使“5W1H”规则更具体化，需要准确理解被测软件的功能特征、应用行业的知识和软件测试技术，在需要测试的内容里面突出关键部分，可以列出关键及风险内容、属性、场景或者测试技术。对测试过程的阶段划分、文档管理、缺陷管理、进度管理给出软件测试计划切实可行的方法。

3.2.4　测试计划的关键问题

测试策略和测试用例是测试计划文档描述的核心所在。

软件测试策略是指在一定的软件测试标准、测试规范的指导下,依据测试项目的特定环境约束而规定的软件测试的原则、方式、方法的集合。

测试用例(Test Case)是指对一项特定的软件产品进行测试任务的描述,体现测试方案、方法、技术和策略。有时是为某个测试目标而编制的一组包含测试输入(数据以及步骤)、执行条件及预期结果的测试实例。其内容包括测试目标、测试环境、输入数据、测试步骤、预期结果、测试脚本等,最终形成文档。

在测试计划编制中,测试策略主要描述测试整个软件和每个阶段的方法,还要描述如何公正、客观地开展测试,要考虑模块、功能、整体、系统、版本、压力、性能、配置和安装等各个因素。软件测试可以由手工操作软件去执行测试,也可以借助测试工具自动执行测试。什么时候采用手工测试、什么时候采用自动化测试,都是测试策略需要考虑的。软件测试策略随着软件生命周期变化,可能是因为新的测试需求或发现新的测试风险而不得不采取新的测试策略。

测试用例构成了设计和制定测试过程的基础,测试的"深度"与测试用例的数量成比例。判断测试是否完全的一个主要评测方法是基于需求的覆盖,而这又是以确定、实施或执行的测试用例的数量为依据的。类似下面这样的说明:"95%的关键测试用例已得以执行和验证",远比"我们已完成95%的测试"更有意义。

通常情况下,不论采用什么方法和技术,其测试都不可能是彻底的。因为任何一次完全测试或者穷举测试的工作量都太大,在实践上行不通。因此,任何实际测试都不能够保证被测试程序中不存在遗漏的缺陷。一次完整的软件测试过后,如果程序中遗漏的严重错误过多,则表明测试是不充分的甚至是失败的,而测试不足意味着让用户承担隐藏错误带来的风险。反过来说,如果过度测试,则又会浪费许多宝贵的资源,推高企业的成本。我们需要在这两点上进行权衡,找到一个最佳平衡点。这就是测试策略发挥作用的时候。根据测试执行策略,通常情况需设置预测试用例。预测试用例用于开始实施正式系统测试活动前的"冒烟测试",通过快速高效的方法,执行优先级相对较高、风险较高的用例,检查被测对象是否符合系统测试实施的标准。当预测试不通过时,测试可能挂起,因此预测试用例的设计是非常重要的。

3.3 软件测试需求分析

测试需求分析需根据测试计划定义的测试范围及测试任务,从需求规格说明书、开发需求、继承性需求、行业竞争分析等需求文档中获取测试需求,确定测试项及测试子项。需求规格说明书中往往包含功能、性能及外部接口需求,针对特别定义,可能还包括安全性需求、兼容性需求或其他需求。提取测试需求阶段,根据测试范围、测试目标确定测试需求提取的粒度。测试需求分析一般有4步,如图3.7所示,原始需求收集、原始需求整理、需求项分析、建立测试需求跟踪矩阵。

无论是功能测试,还是非功能性测试,其测试需求的分析都有两个基本的出发点。

①从客户角度进行分析:通过业务流程、业务数据、业务操作等分析,明确要验证的功能、数据、场景等内容,从而确定业务方面的测试需求。

②从技术角度分析:通过研究系统架构设计、数据库设计、代码实现等,分析其技术特点,了解设计和实现要求,包括系统稳定可靠、分层处理、接口集成、数据结构、性能等方面的测试需求。

如果有完善的需求文档,那么功能测试需求可以根据需求文档,再结合前面分析和自己的业务知识等,比较容易确定功能测试的需求。提取测试需求分析时,可根据软件质量特性划分提取范围,通常以功能、性能、兼容性等几个质量特性对测试需求进行分类。如果缺乏完善的需求文档,就需要借助启发式分析方法,从"业务目标、系统结构、功能、数据、运行平台、操作"等多方面进行综合分析,了解测试需求。

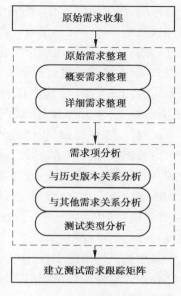

图 3.7　测试需求分析

3.4　软件测试设计

在明确了测试需求之后,就开始针对测试项进行测试设计,即找到相应的测试方法,找到测试的入口,分解测试项,以及针对具体的测试点设计测试环境、输入数据、操作步骤,并给出期望的结果。不是每个测试人员都能胜任测试用例的设计工作,一般要求具有较高能力的测试人员来完成,资深测试人员往往更合适测试用例的设计工作。测试设计,需要设计人员透彻地理解产品的特性、系统架构、功能规格说明书、用户场景以及具体的实现技术等。

3.4.1　目的

测试设计是测试过程中关键的工作,是测试执行的基础。当我们面对一个项目或一个测试任务时,从用户需求出发,基于业务背景,理解产品特性及其每一个功能点,分析其不同的操作剖面、应用场景,挖掘或整理出其质量需求,确定测试范围,识别出测试项,并定义其优先级,完成测试需求的工作。通过测试集,将服务于同一个测试目标、特定阶段性测试目标或某一运行环境下的一系列测试用例有机地组合起来,有助于使用测试,提高测试的复用性。

3.4.2　步骤

测试设计解决"如何测"的问题。要采取正确、恰当的方法进行用例设计,包括借助业务流程图、数据流图、UML 图和后面几章要学习的设计方法等,根据软件功能、系统结构、数据、质量属性等逐步展开,设计出有效、覆盖面全的用例。在测试用例设计中,不仅要设计哪些软件正常使用或正面的测试用例,还要设计异常情况的或负面的测试用例,构建合理的、层次清楚的测试框架。

不同的测试类型(功能测试、性能测试、安全性测试等),其测试设计技术是不一样的;不同的级别(单元测试、集成测试、系统测试等),具体的设计方法和技术也不一样。软件测试设计,不仅要根据需求文档、功能设计规格说明考虑功能特性、测试需求,而且要综合考虑被测软件的质量目标、系统结果、输入/输出等决定设计思路、设计方法等。不同的应用、不同的测试方法或不同的阶段,测试设计方法是不一样的。相应的设计方法将在以后的章节中进行详细介绍。测试设计会受到一系列因素的影响,例如采用的技术和平台、项目进度、可用资源、用户沟通渠道等。在设计过程中,综合考虑这些因素,可参考设计流程,会达到良好的效果。

①采用测试用例的模板,参考已有的范例。

②要求先设计工作流程图、数据流图。

③要求测试人员相互审查、提问。

④集体审查测试用例,邀请客户、产品设计人员、开发人员等参加。

3.4.3 设计测试过程

一个软件项目的最终质量,与测试执行的程度与力度是密不可分的。测试用例构成了设计和制订测试过程的基础,因此测试用例的质量在一定程度上决定了测试工作的有效程度。测试用例是为某个测试目标而编制的一组包含测试输入(数据以及步骤)、执行条件及预期结果的测试实例,以便测试某个程序是否满足某个特定需求。其本质是从测试的角度对被测对象各种特性的细节展开。通俗地讲,就是把测试的操作步骤和要求按照一定的格式用文字描述出来。测试用例的 3 个主要内容:输入包括输入数据以及操作步骤;执行条件指测试用例执行的特定环境和前提条件;预期结果(输出)是在指定的输入和执行条件下的预期结果。

假如某应用软件:Windows 系统环境运行、单机版,测试该应用软件的安装项,应该怎么设计测试内容? 测试设计部分内容举例,见表 3.1。

表 3.1　设计测试内容举例

功能模块	测试要点	预期效果
安装过程	安装程序,默认路径	1.安装程序能正常启动、运行、安装成功; 2.安装过程中,窗口内文字描述正确; 3.安装进度条,显示正确
	安装程序,自定义路径	1、2、3 同上; 4.自定义路径可浏览选择

续表

功能模块	测试要点	预期效果
安装过程	安装时磁盘空间不足	1.提示磁盘空间不足； 2.取消后没有文件被安装,对系统无影响
	中途取消安装程序	1.能够取消安装； 2.取消后没有文件被安装,对系统无影响
安装完成 (暂不启动 软件)	快捷方式检查	1.桌面快捷方式图标和文字正确开始-程序菜单程序图标和文字正确； 2.控制面板,程序图标和文字正确
	程序安装目录检查	程序被安装到指定或默认的安装路径下,文件数据、目录正确
	注册表检查	在注册表对应的地方生成正确的条目
启动软件	软件启动	所有快捷方式和程序菜单都能够启动
	启动欢迎界面、配置	程序欢迎界面文字描述正确,能够正常关闭
软件冲突检查	再次安装程序	再次安装程序,能够弹出不能再次安装的提示

按照测试设计说明的描述,对每一个测试项进行具体的测试用例设计。测试用例对每一个测试描述了输入、如何操作及预期的结果。测试用例的规模根据所要测试的软件项目的规模和复杂度来制定。测试设计用例可以参考以下要素:

①用例的编号:由测试引用的唯一标识符。定义测试用例编号,便于查找测试用例,便于测试用例的管理和跟踪。

②测试标题:对测试用例的描述,测试用例标题应该清楚表达测试用例的用途。

③测试项:准确、具体地描述所测试项及详细特征,应该比测试设计说明中所列的特性更加具体。

④测试环境要求:该测试用例执行所需的外部条件,包括软、硬件具体指标以及测试工具等。

⑤特殊要求:对环境的特殊需求,如所需的特殊设备、特殊设置(例如对防火墙设置有特殊要求)等。

⑥测试技术:对测试所采用的测试技术和方法的描述和说明。

⑦测试输入说明:提供测试执行中的各种输入条件。

⑧操作步骤:提供测试执行过程的步骤。

⑨预期结果:提供测试执行的预期结果,预期结果应该根据软件需求中的输出得到。如果在实际测试过程中,得到的实际测试结果与预期结果不符,那么测试不通过;反之则

测试通过。
- 测试用例之间的关联:用来标识该测试用例与其他测试用例之间的依赖关系。
- 测试用例设计人员和测试人员,测试日期。

在设计测试用例时,还需遵循一些基本原则。用成熟测试用例设计方法来指导设计;保证测试用例数据的正确性和操作的正确性;测试用例能够代表并覆盖各种合理的和不合理的、合法的和非法的、边界的和越界的数据以及极限的输入数据、操作和环境设置等;测试执行结果的正确性是可判定的;对同样的测试用例,系统的执行结果应当是相同的;足够详细、准确和清晰的用例测试步骤。

以上可以看出测试设计用例就是一个文档,描述输入、动作、时间或者一个期望的结果,其目的是确定应用程序的某个特性是否正常工作,并且达到程序所设计的结果。如果执行测试用例,软件在这种情况下不能正常运行,而且问题会重复发生,那就表示已经测试出软件有缺陷,这时候就必须将软件缺陷标示出来,通知软件开发人员。软件开发人员接到通知后,在修正了问题之后,又返回给测试人员进行确认,确保该问题已修改完成。

对于一个测试人员来说,测试用例的设计编写是一项必须掌握的能力。但有效设计和熟练编写测试用例却是一项十分复杂的技术,测试用例编写者不仅要掌握软件测试的技术和流程,而且还要对整个软件(不管从业务上,还是对被测软件的设计、功能规格说明、用户试用场景以及程序/模块的结构方面)都有比较透彻的理解和明晰的把握,稍有不慎就会顾此失彼,造成疏漏。因此,在实际测试过程中,通常安排经验丰富的测试人员进行测试用例设计,没有经验的测试人员可以从执行测试用例开始,随着项目进度的不断进展,以及对测试技术和对被测软件的不断熟悉,可以不断积累测试用例的设计经验,然后逐渐参加设计测试用例。

3.5 测试执行

测试执行,是按照测试设计的要求,通过执行测试用例,对比预期结果与设计结果的过程。测试执行活动是整个测试过程的核心环节,所有测试分析、测试设计、测试计划的结果都将在测试执行中得到最终的检验。

为了确保测试顺利开展,对于工作量比较大的项目,在测试正式启动之前要对能否启动测试进行评估。在产品级测试过程中,将投入很大的成本,包括测试环境、测试人力资源等。测试启动评估的目的是控制版本在转测试时的质量,尽量减少前期不成熟的版本对测试资源的浪费;通过牺牲短期的内部控制成本(转测试评估和预测试),可以较好地避免后期进行大量测试投入的风险。具体评估内容在测试计划中确定。

如果在测试计划中已经明确具体的测试用例分工,则按照计划执行即可,否则需要在执行前进行分配。测试用例的分配需要考虑以下方面。要执行的测试用例一般包括两部分,需要测试的新增特性的用例和需要回归的特性用例。测试的执行并不是一次性完成的,一个测试往往包含很多次各种规模的执行。考虑特性之间的交互关系,由于这些关系的存在,不同特性的用例在执行时可能合并、合作。考虑测试用例的优先级,优先安排执行优先级高的测试用例；考虑时间进度，平衡测试进度和测试执行质量。

当测试环境搭建完成后，测试人员将在自己搭建的环境上执行测试用例，开展测试工作。测试人员在执行测试用例的过程中，如发现实际结果与预期结果不一致，则意味着出现 Bug（缺陷、错误、问题）。

当测试人员发现了 Bug 之后，就需要把 Bug 提交给开发人员进行修复。对于 Bug 的记录需要注意三点。首先，Bug 的概要一定要清晰简洁；其次，在 Bug 的具体描述中，测试的步骤和使用到的具体数据都要清楚地写出来；最后，如果可以截图，一定要截图。提交给开发人员的关键信息后，开发人员需要依据这些关键信息去定位 Bug 的原因。另外，最后再根据软件的情况，设置处理 Bug 的优先级，以便开发人员合理地安排 Bug 修复工作。总之，提交清晰的 Bug 示例单是初级软件测试人员十分重要的一项工作，如果 Bug 示例单中的内容缺少关键步骤和具体数据等重要信息，这不仅给开发人员修复 Bug 带来难度，还有可能会被直接退回给测试人员并要求重新书写 Bug 示例单。

测试执行的主要目标是尽可能地发现产品的缺陷，而不是达到测试计划完成率。若过于关注测试计划完成率，则会导致虽然已经完成测试，但是仍不能确保产品质量。测试用例执行过程中除了关注测试进度外，还要全方位观察测试用例执行结果，加强测试过程的记录，及时确认发现的问题，及时更新测试用例，处理好与开发的关系，促进缺陷的解决。

要提高测试执行质量，要在测试过程中不仅关注测试用例的执行结果，还要注意在测试用例执行过程中出现的各类异常现象，如来自告警、日志、维护系统的异常信息。其次尽早提交缺陷报告。发现缺陷之后要尽早提交缺陷报告，避免测试结束后集中提交缺陷报告，确保开发方掌握软件质量情况并能及时解决缺陷。特别是一些可能阻碍测试的缺陷，更要第一时间反馈给软件开发方。最后要避免机械地执行用例，在测试执行中要多思考，如果发现测试用例不合理要及时补充或修改。

3.6　测试评估

软件测试评估用来度量测试的有效性，以及通过生成的各种度量来评估当前软件的可靠性，并且在预测继续测试并排除缺陷时可靠性如何增长是有效的。但是，这些度量本身是不充分的，在评估中需要用覆盖评测度量作补充，当与测试覆盖评测结合起来时，缺陷分析可提供出色的评估，测试完成的标准也可以建立在此评估基础上。

3.6.1　测试评估概述

软件测试的评估主要有两个目的：一是量化测试进程，判断软件测试进行的状态，决定什么时候软件测试可以结束；二是为最后的测试或软件质量分析报告生成所需的量化数据，如缺陷清除率、测试覆盖率等。软件测试评测是软件测试的一个阶段性结论，是用所生成的软件测试评测报告来确定软件测试是否达到完全和成功的标准。软件测试评测贯穿整个软件测试过程，可以在测试的每个阶段结束前进行，也可以在测试过程中某一个时间进行。

软件测试的评测主要方法包括覆盖评测和质量评测。测试覆盖评测是对测试完全程度的评测,它建立在测试覆盖基础上,测试覆盖是由测试需求和测试用例的覆盖或已执行代码的覆盖表示的。质量评测是对测试对象的可靠性、稳定性以及性能的评测。质量建立在对测试结果的评估和对测试过程中确定的缺陷及缺陷修复的分析基础上。

3.6.2　评估测试内容

覆盖评测指标是用来度量软件测试的完全程度的,所以可以将覆盖评测指标用作测试有效性的一个度量。最常用的覆盖评测是基于需求的测试覆盖和基于代码的测试覆盖,它们分别是指针对需求(基于需求的)或代码的设计/实施标准(基于代码的)而言的完全程度评测。

系统的测试活动应建立在一个测试覆盖策略基础上。如果需求已经完全分类,则基于需求的覆盖策略可能足以生成测试完全程度的可计量评测。例如,若已经确定了所有性能测试需求,则可以引用测试结果来得到评测,如已经核实了75%的性能测试需求;如果应用基于代码的覆盖,则测试策略是根据测试已经执行的源代码的多少来表示的。两种评测都可以手工计算或通过测试自动化工具计算得到。通过对代码进行测试,可以了解代码是否与设计相匹配,但是却不能证明设计是否满足需求。而基于需求的测试用例就能够显示需求是否得到了满足,设计是否与需求相匹配。所以,归根结底最重要的是要根据代码、设计和需求来构造测试用例。

测试覆盖的评测提供了对测试完全程度的评价,而在测试过程中对已发现缺陷的评测提供了最佳的软件质量指标。因为质量是软件与需求相符程度的指标,所以在这种环境中,缺陷被标识为一种更改请求,在此更改请求中的测试对象是与需求不符的。常用的测试有效性度量是围绕缺陷分析来构造的。缺陷分析就是分析缺陷在与缺陷相关联的一个,或者多个参数值上的分布。缺陷分析提供了一个软件可靠性指标,这些分析为揭示软件可靠性的缺陷趋势,或缺陷分布提供了判断依据。缺陷分析通常以四类形式的度量提供缺陷评测:缺陷发现率,缺陷潜伏期,缺陷密度,整体软件缺陷清除率。测试评估报告一般包括以下几个部分:

(1)测试总结报告标识符

报告标识符是一个标识报告的唯一ID,用来使测试总结报告管理、定位和引用。

(2)概述

这部分内容主要概要说明发生了哪些测试活动,包括软件版本的发布和环境等。这部分内容通常还包括:测试计划、测试设计规格说明、测试规程和测试用例提供的参考信息。

(3)差异

这部分内容主要是描述计划的测试工作与真实发生的测试之间存在的所有差异。对于测试人员来说,这部分内容相当重要,因为,它有助于测试人员掌握各种变更情况,并使测试人员对今后如何改进测试计划过程有更深的认识。

（4）综合评估

在这一部分中，应该对照在测试计划中规定的准则，对测试过程的全面性进行评价。这些准则是建立在测试清单、需求、设计、代码覆盖，或这些因素的综合结果基础之上的。在此，需要指出那些覆盖不充分的特征或者特征集合，也包括对任何新出现的风险进行讨论。在这部分内容里，还需要对所采用的测试有效性的所有度量进行报告和说明。

（5）测试结果总结

这部分内容用于总结测试结果。应该标识出所有已经解决的软件缺陷，并总结这些软件缺陷的解决方法；还要标识出所有未解决的软件缺陷。这部分内容还包括与缺陷及其分布相关的度量。

（6）评价

在这一部分中，应该对每个测试项，包括各个测试项的局限性进行总体评价。例如，对于可能存在的局限性，可以用这样一些语句来描述："系统不能同时支持100名以上的用户"，或者"如果吞吐量超出一定的范围，性能将会降至……"。这部分内容可能还包括：根据系统在测试期间所表现出的稳定性、可靠性，或对测试期间观察到的失效的分析，对失效可能性进行的讨论。

（7）测试活动总结

总结主要的测试活动和事件。总结资源消耗数据，比如，人员配置的总体水平、总的机器时间，以及花在每一项主要测试活动上的时间。这里记录的数据，可提供估计今后的测试工作量所需信息。

测试评估报告是测试人员对测试工作进行总结，能够识别出软件的局限性和发生失效的可能性。在测试执行阶段的末期，为每个测试计划做出测试评估。本质上讲，测试总结报告是测试计划的扩展，起着对测试计划"封闭回路"的作用。实际上，包含在报告中的信息绝大多数都是测试人员在整个软件测试过程中需要不断收集和分析的信息。

习　题

1.什么是软件测试生命周期，软件测试生命周期一般分为哪几个阶段？

2.常见的软件测试过程模型有哪些？

3.软件测试计划的定义，制订测试计划的主要目的？

4.制订测试计划的主要原则有哪些？

5.测试用例指的是什么，设计测试用例包含的主要内容有哪些？

6.软件测试的评估主要目的是什么？

7.测试评估报告一般包括哪几个部分？

第 4 章　软件测试

软件测试贯穿整个软件开发的整个周期,如果软件项目启动,软件测试就开始进行了。从软件测试流程来看,软件测试是一系列不同阶段所组成的,软件测试周期与测试过程有着相互对应的关系。软件测试按照研发阶段一般可分为:单元测试、集成测试、确认测试、系统测试和验收测试等一系列测试阶段。本章就来对各个软件测试阶段的主要测试内容、任务、步骤以及采用的测试技术和方法进行详细介绍。

4.1　测试流程概述

从过程上来看,这些阶段分为单元测试,集成测试,功能测试、系统测试,验收测试以及安装测试,如图4.1所示。需要注意的是,软件测试是服务于软件质量的,因此从质量的角度来看,这些不同种类的测试本质上是服务于不同的质量,接下来的课程将重点讨论单元测试、集成测试、系统测试和验收测试,因为这4种测试是软件测试的分轴线,也是软件测试的基本功,熟练掌握这4种测试,对其他的软件测试的理解都可以达到事半功倍的效果。

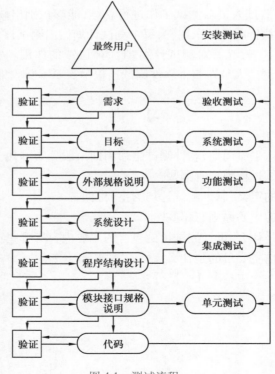

图 4.1　测试流程

4.2　单元测试

单元测试是对软件的基本组成单元或程序模块进行测试,主要是为了发现测试单元内部可能存在的语法、格式、逻辑上的错误和不足。

测试单元的大小与进行单元测试的目的、力度、要求有直接的关系。那"单元"应该如何划分界定呢? 对于不同形式的软件有不同的界定,也与软件开发设计过程中采用的实际技术有关。一般来说,"单元"是软件里最小的、可以单独执行编码的单位,确定单元的基本原则是"高内聚、低耦合"。具体来说,首先单元必须是可测的;其次单元的行为或输出是可观测的;最后要有明确的、可定义的边界或接口。

那么什么是程序单元呢? 在软件开发过程中,程序员不能一次编程一个较大的模块,通常是像拼图一样,先完成一小块再组装成大块,那么单元测试就是对拼图的一小块进行测试活动。单元测试集中对各个实现的源代码程序单元,检查程序单元是否实现了其功能。通常在面向过程的程序设计语言中,一个函数或一个过程可以称为一个单元;几个紧密相关的函数集合,也可以称为一个单元。在面向对象程序设计语言中,单元可以是一个类、类的实例或方法的实现;单元可以是 Web 编程中网页上的页面子功能或输入框;数据库中的一个表也可称为一个单元。

单元测试通常是软件测试过程中的第一个阶段。这个阶段更多关注程序实现的细节,需要从程序的内部结构出发,设计执行,单元测试是测试领域离代码最近的测试类型。单元测试工作主要分为两个步骤,人工静态检查和动态执行跟踪,一般由开发组在开发组长监督下进行,多个模块可以独立、并行地进行测试。在单元测试时,测试者需要依据详细设计说明书和源程序清单了解该模块的 I/O 条件和模块逻辑结构,主要采用白盒测试方法,辅助用黑盒测试方法设计测试用力,使之对任何合理和不合理的输入都能鉴别和响应。

4.2.1　单元测试任务

单元测试针对每个程序单元(模块)进行测试,主要任务有模块接口测试,局部数据结构测试,路径测试,错误处理测试,边界测试,如图4.2所示。

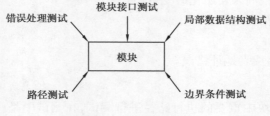

图 4.2　单元测试

1)模块接口测试

对模块接口的测试是检查进出模块单元的数据流是否正确,模块接口测试是单元测试的基础。模块接口是模块内与模块外联系的关键部位,当模块通过外部调用时,数据必须能够正确流入,当模块结束问题的处理返回调用模块时,数据必须能够正确流出,这样模块才能实现它的功能。对模块接口数据流的测试必须在任何其他测试之前进行,因为如果不能确保数据正确地输入和输出,所有的测试都是没有意义的。模块接口测试重点考虑以下方面的问题:

①模块接受输入的实际参数与模块的形式参数在个数、属性、顺序上是否匹配。

②调用其他模块时,给出实际参数与被调用模块的形式参数的在个数、属性、顺序上是否匹配。

③调用内部函数时,参数的个数、属性和次序是否正确。

④在模块有多个入口的情况下,是否引用了与当前入口无关的参数。

⑤是否会修改只读型参数。

⑥出现全局变量时,模块中定义的变量是否与全局变量的定义一致。

⑦有没有把某些约束当作参数来传送。

如果模块内包括外部输入/输出,还应考虑以下问题:

①数据库的 Open/Close 语句是否正确。

②文件打开语句的格式是否正确,是否所有的文件在使用前已打开。

③格式说明与输入/输出语句给出的信息是否匹配。

④缓冲区的大小是否与记录的大小匹配。

⑤是否处理了输入/输出错误。

⑥文件结束条件的判断和处理是否正确。

⑦是否存在输出信息的文字性错误。

2)局部数据结构测试

在单元测试工作过程中,需要测试模块内部的数据能否保持完整性、正确性。测试包括内部数据的内容、形式及相互关系不能发生错误。软件模块错误的根源往往是在局部数据结构错误,局部数据结构是最常见的错误来源。局部数据结构测试是保证临时存储在模块内的数据在程序执行时的完整性和正确性。局部数据结构测试主要关注以下方面的问题:

①不适合或不一致的类型说明。

②使用尚未赋值或尚未初始化的变量。

③初始值错误或错误的缺省值。

④变量名错误。

⑤出现下溢、上溢或者地址错误。

3)路径测试

路径测试是对模块中重要的执行路径进行测试,在测试中是应对模块中每一条独立执行路径进行测试。路径错误主要由错误的计算、不正确的比较或者不正常的控制流导致。造成路径错误的主要因素有以下几种情况:

①不同数据类型相比较。

②不正确的运算优先级或逻辑操作。

③由于浮点数运算精确度的错误,造成两个数值结果不相等。

④不正确的判定或不正确的变量。

⑤不正常的或不存在的循环终止。

⑥当遇到分支循环时不能退出。

⑦不适当地修改循环变量。

4) 错误处理测试

一般较完善的模块设计要求能预见出错的原因,设置适当的出错处理,以便在程序出错时,能对出错程序重做安排,保证其逻辑上的正确性。这种出错处理是模块功能的一部分。错误处理测试就是检验如果模块在工作中发生了错误,其中的出错处理设施是否有效。用户对软件在使用中的错误信息是比较敏感的,需要设计合适的测试用例,使得模块测试能够高效率地进行错误处理测试。错误处理测试主要考虑以下几个方面:

①对错误描述难以理解。

②出错描述信息与实际错误描述的定位不恰当,以致无法找到出错的原因。

③报告的错误与实际的错误不符。

④例外条件的处理不正确。

⑤异常处理不当。

5) 边界测试

实际表明软件常常在边界地区发生问题,例如循环的次数、最大或最小值。边界测试是一项基础测试,首先应确定边界情况,通常输入和输出等价类的边界就是应着重测试的边界情况,应当选取正好等于、刚刚大于或刚刚小于边界的值作为测试数据,而不是选取等价类中的典型值或任意值作为测试数据。测试所包含的边界检验有几种类型,有数字、字符、位置、大小、方位、尺寸、空间等。常见的边界值有:

①屏幕上光标在最左上、最右下位置。

②报表的第一行和最后一行。

③数组元素的第一个和最后一个。

④循环的第 0 次、第 1 次和倒数第 2 次、最后一次。

测试时应主要检查下面的情况:

①处理 n 维数组的第 n 个元素时是否出错。

②在 n 次循环的第 0 次、1 次、n 次是否有错误。

③运算或判断中取最大值和最小值时是否有错误。

④数据流、控制流中刚好等于、大于、小于确定的比较值时是否出现错误等。

边界测试并不仅仅指输入域/输出域的边界,还包括以下内容:

①数据结构的边界。

②状态转换的边界。

③功能界限的边界或端点。

边界条件测试是单元测试的最后一步,是非常重要的,用来探测和验证代码在处理极端的或偏门的情况时会发生什么。必须采用边界值分析方法来设计测试用例,仔细地测试为限制数据处理而设置的边界处,看模块是否能够正常工作。

4.2.2　单元测试的环境建立和步骤

通常单元测试在编码阶段进行,在源程序代码编制完成,经过评审验证,确认没有语法错误之后就开始进行单元测试。从单元的定义可知,单元的大小是不确定的,可以是函数,可以是类、对象,也可以是子过程。然而在执行单元测试时,单元模块并不是一个独立的程序。比如,你写了一个 C 语言函数,它是不能独立运行的。在单元测试的时候,同时要考虑它与外界的联系,用一些辅助模块去模拟被测模块相邻的其他模块。这些辅助模块可以分为驱动模块和桩模块两类,如图 4.3 所示。

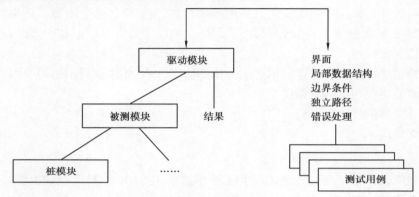

图 4.3　驱动模块和桩模块

驱动模块用于模拟被测模块的上级模块,驱动模块接收测试数据,然后把这些数据传送给被测模块,启动被测模块,最后输出实际测试结果,这就如同你编写了一个 C 语言的函数,该函数不能直接执行,必须通过主函数调用。为了这个运行函数,主函数就扮演了驱动模块的角色。

桩模块也称为存根程序,用于模拟被测模块运行过程中需要调用的子模块。桩模块由被测模块调用,他们一般只进行很少的数据处理,以便于检查被测模块与其下级模块的接口,桩模块可以做少量的数据操作,不需要把子模块所有的功能都包含进去,但不允许什么都不做。在单元测试之前,要部署单元测试环境,包括详细的设计说明书,源程序清单所需要的驱动模块和桩模块部署完成后,就可以开展单元测试了,在测试过程中,被测模块与其相关的驱动模块和桩模块共同构成了一个测试环境。

单元测试是对每个程序的单体调试,主要步骤包括程序语法检查和程序逻辑检查。在程序逻辑检查之前,需要制作测试数据,即假设一些输入数据和文件数据。测试数据直接影响了程序的调试工作,所以制作的数据应该满足以下几个条件:

①数据应能满足设计上要求的上下限及循环次数。

②数据应包括满足程序中的各种检验要求的错误数据。

③数据应能适宜于人对程序的检查工作。

测试数据的内容包含以下 4 个方面：

①正常的数据。

②不同的数据。

③错误的数据。

④大量的数据。

在其他任何测试开始之前，需要测试贯穿模块接口的数据流。如果数据不能正确地进入和退出，那么其他的测试就无法进行。程序测试通常附属于编码步骤来考虑。在开发、复审了源代码并检查了语法正确性之后，就可以进入单元测试。设计信息量复审为建立测试情况提供了指导，使得测试情况有可能发现上面讨论的各类错误。每种测试情况应有一组预期的结果。

由于模块不是一个独立的程序，必须为每个模块测试开发驱动软件和承接软件，在大多数应用中，驱动软件和主程序并无区别。驱动软件接收测试情况的数据，将这些数据送给模块，并打印有关的结果。承接软件代替被测模块的下属模块，承接软件使用下属模块的接口，可以做最少量的数据处理，打印入口检查信息，并将控制返回给它的上级模块。

驱动软件和承接软件代表开销，它们都是要编写的软件，但不是与最后的软件产品一起交付的。当一个模块只描述一个功能时，测试情况的数量就会减少，就可能会更容易地预测和发现错误。测试实际上是为了发现程序的错误而执行的，但测试不能发现所有的错误，即使是最彻底的、切实可行的检测方法，也只能查出程序中存在的一部分错误，其余的错误在实际使用过程中才能逐渐发现。因为要检查每一种可能的情况，检测的数目是相当大的，另一方面，一个软件的许多问题是无法通过输入来进行检查的，而是需要使用一些特殊的检测方法。

单元测试之后，还需要对每个程序做一份程序测试说明书，以备系统今后修改维护所用。单元测试说明书的主要内容是：

①说明单元的测试数据制作方法。

②单元测试方法。

③单元测试过程中所产生的问题。

4.3 集成测试

我们时常会遇到这样的情况，每个模块的单元测试已经通过，把这些模块集成在一起之后，却不能正常工作。出现这种情况的原因，往往是模块之间的接口出现问题，如模块之间的参数传递不匹配，全局变量被误用以及误差不断积累达到不可接受的程度等。集成测试是在单元测试的基础上，测试将所有的软件单元按照概要设计规格说明的要求组装成模块、子系统或系统的过程中，各部分功能是否达到或实现相应技术指标及要求的活动。

4.3.1 集成测试主要任务

将经过单元测试的模块按设计要求把它们连接起来，组成所规定的软件系统的过程称为"集成"。集成是多个单元的聚合,许多单元组合成模块,而这些模块又聚合成程序的更大部分,如子系统或系统。

集成测试(也称"组装测试"或"联合测试")是单元测试的逻辑扩展,它的最简单的形式是将两个已经测试过的单元组合成一个组件,并且测试它们之间的接口。集成测试参考的主要标准是《软件概要设计规格说明》,不符合该说明的程序模块行为应该加以记载并上报。

在集成测试之前,单元测试应该已经完成,集成测试中所使用的对象应该是已经经过单元测试的软件单元。如果不经过单元测试,那么集成测试的效果将会受到很大影响,并且会大幅增加软件单元代码纠错的代价。集成测试主要是测试软件单元的组合能否正常工作以及与其他组的模块能否集成起来工作,最后还要测试构成系统的所有模块组合能否正常工作。集成测试应针对总体设计尽早开始筹划,为了做好集成测试,可以遵循以下原则:

①所有公共接口都要被测试到。
②关键模块必须进行充分的测试。
③集成测试应当按一定的层次进行。
④集成测试的策略选择应当综合考虑质量、成本和进度之间的关系。
⑤集成测试应当尽早开始,并以总体设计为基础。
⑥在模块与接口的划分上,测试人员应当和开发人员进行充分的沟通。
⑦当接口发生修改时,涉及的相关接口必须进行再测试。
⑧测试执行结果应当如实地记录。

在实际工作中时常有这样的情况发生:每个模块都能单独工作,但这些模块集成在一起之后就不能正常工作,主要原因是模块相互调用时,接口会引入许多新问题。例如,数据经过接口可能丢失;一个模块对另一个模块可能造成不应有的影响;几个子功能组合起来不能实现主功能;单个模块可以接受的误差,组装以后不断积累误差,则达到不可接受的程度;全局数据结构出现错误等。在现实方案中,许多单元组合成子系统(组件),而这些组件又聚合成程序的更大部分,如分系统或系统。首先测试片段的组合,并最终扩展进程,将组模块与其他组的模块一起测试。最后将构成进程的所有模块一起测试。此外,如果程序由多个进程组成,应该成对测试它们,而不是同时测试所有进程。

集成测试的主要任务是解决以下5个方面的测试问题:
①将各模块连接起来,检查模块相互调用时,数据经过接口是否丢失。
②将各个子功能组合起来,检查能否达到预期要求的各项功能。
③一个模块的功能是否会对另一个模块的功能产生不利的影响。
④全局数据结构是否有问题,会不会被异常修改。
⑤单个模块的误差积累起来,是否被放大,从而达到不可接受的程度。

集成测试是一个由单元测试到系统测试的过渡测试,由于其位置特殊,集成测试往往容易被忽视。因此,单元测试后,必须进行集成测试,发现并排除单元集成后可能发生的问题,最终构成要求的软件系统。集成测试相对来说是比较复杂的,而且对于不同的技术、平台和应用,差异也比较大。不过,在测试过程中必须面对它,保证系统集成成功,为以后的系统测试打下基础。

4.3.2　集成测试方案

集成测试的实施方案有很多种,如非增量式集成测试、增量式集成测试、三明治集成测试、核心集成测试、分层集成测试、基于使用的集成测试等。其中,常用的是非增量式测试和增量式测试两种集成测试模式。

一些开发设计人员习惯于把所有模块按设计要求一次全部组装起来,然后进行整体测试,这称为非增量式集成测试。这种模式容易出现混乱,因为测试时可能发现很多错误,为每个错误定位和纠正非常困难,并且在改正一个错误的同时,又可能引入新的错误,新旧错误混杂,更难断定出错的原因和位置。

与非增量式集成测试相反的是增量式集成测试,测试人员将程序逐段地扩展,测试范围逐步增大,错误易于定位和纠正,界面测试亦可做到完全彻底。

1)非增量式集成测试

非增量式集成测试是采用一步到位的方法来进行测试,即对所有模块进行个别的单元测试后,按程序结构图将各模块连接起来,把连接后的程序当作一个整体进行测试。

图 4.4 所示为采用非增量式集成测试的一个经典例子,被测程序的结构如图 4.4(a)所示,它由 6 个模块构成。在进行单元测试时,根据它们在结构图中的地位,对模块 B 和模块 D 配备了驱动模块和被调用模拟子模块,对模块 C、模块 E 和模块 F 只配备了驱动模块。主模块 A 由于处在结构图的顶端,无其他模块调用它,因此仅为它配备了 3 个被调用模拟子模块,以模拟被它调用的 3 个模块 B,模块 C 和模块 D,如图 4.4(b)-4.4(g)所示分别进行单元测试以后,再按图 4.4(a)所示的结构图形式连接起来,进行集成测试。

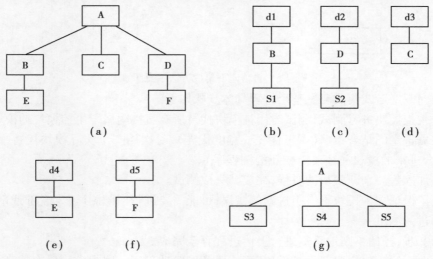

图 4.4　非增量式集成测试案例示意图

2）增量式集成测试

增量式集成测试与非增量式集成测试有所不同，单元的集成是逐步实现的，集成测试也是逐步完成的。也可以说它把单元测试与集成测试结合起来进行。增量式集成测试可按不同的次序实施，因而可以有两种方法，即自顶向下增量式集成测试和自底向上增量式集成测试。

（1）自顶向下增量式集成测试

自顶向下法（Top-down Integration），从主控模块开始，沿着软件的控制层次向下移动，从而逐渐把各个模块结合起来。在组装过程中，可以使用深度优先或广度优先的策略。

深度优先策略的集成方式是首先集成在结构中的一个主控路径下的所有模块，主控路径的选择是任意的，一般根据问题的特性来确定。例如，先选择最左边的，然后是中间的，直到最右边。

广度优先策略的集成方式是首先沿着水平方向，把每一层中所有直接隶属于上一层的模块集成起来，直至最底层。以图 4.5 所示为例。

深度优先策略：M1→M2→M5→M8→M6→M3→M7→M4

广度优先策略：M1→M2→M3→M4→M5→M6→M7→M8

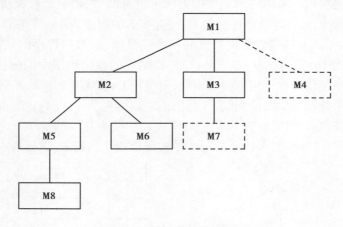

图 4.5　自顶向下集成方法示意图

自顶向下增量式集成测试整个过程具体步骤如下：

①对主控模块进行测试，测试时用桩模块代替所有直接附属于主控模块的模块。

②根据选定的结合策略（深度优先或宽度优先），每次用一个实际模块代替一个桩程序（新结合进来的模块往往又需要新的桩程序）。

③在加入每一个新模块的时候，完成其集成测试。

④为了保证加入模块没有引进新的错误，可能需要进行回归测试（即全部或部分地重复以前做过的测试）。

从第②步，开始不断地重复进行上述过程直至完成。

自顶向下法一般需要开发桩模块，不需要开发驱动程序。因为模块层次越高，其影响面越广，重要性也就越高。自顶向下法能够在测试阶段的早期验证系统的主要功能逻辑，也就是越重要的模块,在自顶向下法中越优先得到测试。因为需要大量的桩模块,自顶向下法可能会遇到比较大的困难,而且大家使用频繁的基础函数一般处在底层,这些基础函数的错误会发现较晚。

(2)自底向上增量式集成测试

自底向上集成测试(Bottom-up Integration),从底层模块(即在软件结构最底层的模块)开始,向上推进,不断进行集成测试的方法。

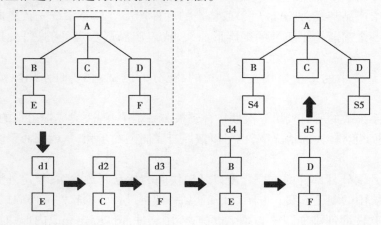

图 4.6　自底向上集成方法示意图

如图 4.6 所示,具体策略如下:

①把底层模块组合成可实现某个特定的软件子功能族(Cluster)。

②写一个驱动程序,调用上述底层模块,并协调测试数据的输入和输出。

③对由驱动程序和子功能族构成的集合进行测试。

④去掉驱动程序,沿着软件结构从下向上移动,加入上层模块形成更大的子功能族。

从第②步开始不断地重复进行上述过程,直至完成。自底向上方法一般不需要创建桩程序,而驱动程序比较容易建立。这种方法能够在最早的时间完成对基础函数的测试,其他模块可以更早地调用这些基础函数,有利于提高开发效率,缩短开发周期。但是,影响面越广的上层模块,测试时间越靠后,后期一旦发现问题,缺陷修改就困难,或影响面很广,存在很大的风险。

3)其他集成测试

(1)三明治集成测试

在实际测试工作中,一般会将自顶向下集成和自底向上集成等两种测试方法有机地结合起来,采用混合策略来完成系统的集成测试,发挥每种方法的优点,避免其缺点,提高测试效率。这种方法俗称三明治集成方法(sandwich integration)。

例如,在测试早期,使用自底向上法测试少数的基础模块(函数),然后再采用自顶向下法来完成集成测试。更多时候,同时使用自底向上法和自顶向下法进行集成测试,即采用两头向中间推进,配合开发的进程,大大降低驱动程序和桩模块的编写工作量,加快开发的进程。因为自底向上集成时，先期完成的模块将是后期模块的桩程序，而自顶向下集成时，先期完成的模块将是后期模块的驱动程序，从而使后期模块的单元测试和集成测试出现了部分的交叉，不仅节省了测试代码的编写，也有利于提高工作效率。

（2）核心系统先行集成测试

核心系统先行集成测试法的思想是先对核心软件部件进行集成测试，在测试通过的基础上再按各外围软件部件的重要程度逐个集成到核心系统中。每次加入一个外围软件部件都产生一个产品基线，直至最后形成稳定的软件产品。核心系统先行集成测试对应的集成过程是一个逐渐趋于闭合的螺旋形曲线，代表产品逐步定型的过程，其测试步骤如下：

①对核心系统中的每个模块进行单独的、充分的测试，必要时使用驱动模块和桩模块。

②将核心系统中的所有模块一次性集合到被测系统中，解决集成中出现的各类问题。在核心系统规模相对较大的情况下，也可以按照自底向上的步骤，集成核心系统的各组成模块。

③按照各外围软件部件的重要程度以及模块间的相互制约关系，拟定外围软件部件集成到核心系统中的顺序方案。方案经评审以后，即可进行外围软件部件的集成。

④在外围软件部件添加到核心系统以前，外围软件部件应先完成内部的模块级集成测试。

⑤按顺序不断加入外围软件部件，排除外围软件部件集成中出现的问题，形成最终的用户系统。

核心系统先行的集成测试方法对于快速软件开发很有效果，适合较复杂系统的集成测试，能保证一些重要的功能和服务的实现。缺点是采用此法的系统一般应能明确区分核心软件部件和外围软件部件，核心软件部件应具有较高的耦合度，外围软件部件内部也应具有较高的耦合度，但各外围软件部件之间应具有较低的耦合度。

（3）高频集成测试

高频集成测试是指同步于软件开发过程，每隔一段时间对开发团队的现有代码进行一次集成测试。如某些自动化集成测试工具能实现每日深夜对开发团队的现有代码进行一次集成测试，然后将测试结果发到各开发人员的电子邮箱中。该集成测试方法频繁地将新代码加入到一个已经稳定的基线中，以免集成故障难以发现，同时控制可能出现的基线偏差。使用高频集成测试需要具备一定的条件：可以持续获得一个稳定的增量，并且该增量内部已被验证没有问题；大部分有意义的功能增加可以在一个相对稳定的时间间隔（如每个工作日）内获得；测试包和代码的开发工作必须是并行进行的，并且需要版本控制工具来保证始终维护的是测试脚本和代码的最新版本；必须借助于使用自动化工具来完成。高频集成的一个显著特点就是集成次数频繁，因此，人工的方法是不胜任的。

高频集成测试一般采用如下步骤完成：

①选择集成测试自动化工具。比如，很多 Java 项目采用 JUnit+Ant 方案来实现集成测试的自动化，也有一些商业集成测试工具可供选择。

②设置版本控制工具,以确保集成测试自动化工具所获得的版本是最新版本。如使用 CVS 进行版本控制。

③测试人员和开发人员负责编写对应程序代码的测试脚本。

④设置自动化集成测试工具,每隔一段时间对配置管理库的新添加的代码进行自动化的集成测试,并将测试报告汇报给开发人员和测试人员。

⑤测试人员监督代码开发人员及时关闭不合格项。按照③—⑤不断循环,直至形成最终软件产品。

高频集成测试方案能在开发过程中及时发现代码错误,能直观地看到开发团队的有效工程进度。在此方案中,开发维护源代码与开发维护软件测试包被赋予了同等的重要性,这对有效防止错误、及时纠正错误都很有帮助。该方案的缺点在于测试包有时候可能不能暴露深层次的编码错误和图形界面错误。

4)几种集成测试实施方案的比较

以上介绍了几种常见的集成测试方案,通过对各集成测试实施方案的分析和对比,可以得出以下的结论。

①非增量式集成测试模式是先分散测试,然后集中起来再一次完成集成测试。如果在模块的接口处存在错误,只会在最后的集成测试时一下子暴露出来。非增量式集成测试时可能发现很多错误,为每个错误定位和纠正非常困难,并且在改正一个错误的同时又可能引入新的错误,新旧错误混杂,更难断定出错的原因和位置。与此相反,增量式集成测试的逐步集成和逐步测试的方法,将程序逐段地扩展,测试的范围逐步增大,把可能出现的差错分散暴露出来,错误易于定位和纠正,便于找出问题并修改,接口的测试亦可做到完全彻底。而且,一些模块在逐步集成的测试中,得到了较为频繁的考验,因而可能取得较好的测试效果。但是,增量式集成测试需要编写的驱动程序或被调用模拟子模块程序较多、发现模块间接口错误相对稍晚。总的来说,增量式集成测试比非增量式集成测试具有比较明显的优越性。

②自顶向下测试的主要优点在于它可以自然地做到逐步求精,一开始便能让测试者看到系统的框架。它的主要缺点是需要提供被调用模拟子模块,被调用模拟子模块可能不能反映真实情况,因此测试有可能不充分。并且在输入/输出模块接入系统以前,在被调用模拟子模块中表示测试数据有一定困难。由于被调用模拟子模块不能模拟数据,如果模块间的数据流不能构成有向的非环状图,一些模块的测试数据便难以生成。同时,观察和解释测试输出往往也是困难的。

③自底向上测试的优点在于,由于驱动模块模拟了所有调用参数,即使数据流并未构成有向的非环状图,生成测试数据也没有困难。如果关键的模块是在结构图的底部,那么自底向上测试是有优越性的。它的主要缺点则在于,直到最后一个模块被加入进去之后才能看到整个程序(系统)的框架。

④三明治集成测试采用自顶向下、自底向上集成相结合的方式,并采取持续集成的策略,有助于尽早发现缺陷,也有利于提高工作效率。

⑤核心系统先行集成测试能保证一些重要功能和服务的实现,对于快速软件开发很

有效果。但采用此种模式的测试，要求系统一般应能明确区分核心软件部件和外围软件部件；而高频集成测试一个显著的特点就是集成次数频繁，必须借助于自动化工具来实现。

⑥一般来讲，在集成测试中，采用自顶向下集成测试和自底向上的集成测试方案在软件项目集成过程中较为常见。在现代复杂软件项目集成测试过程中，通常采用核心系统先行集成测试和高频集成测试相结合的方式进行，在实际测试工作中，应该结合项目的实际工程环境及各测试方案适用的范围进行合理的选型。

4.4 系统测试

软件只是系统中的一个组成部分，软件开发完成以后，最终还要与系统中的其他部分（硬件、外设、网络等）和元素结合在一起配套运行，进行系统测试。

系统测试（System Testing）是在完成集成测试的工作后，将通过集成测试的软件和硬件等设备连接在一起，按照需求说明书，对系统进行的一系列测试。系统测试的任务是尽可能彻底地检查出程序中的错误，找出错误原因和位置，然后进行改正，提高软件系统的可靠性。

4.4.1 系统测试的目的与意义

系统测试是为了检查系统是否能完成需求说明书的内容，保证系统能正常、完整地运行。其中包括软件、硬件和相关联的设备，以及测试时所应用的数据。

1）系统测试的目的

系统测试的目的是在真实系统工作环境下，通过与系统的需求定义作比较，检验完整的软件配置项能否和系统正确连接，发现软件与系统/子系统设计文档和软件开发合同规定不符合或与之矛盾的地方；验证系统是否满足了需求规格的定义，找出与需求规格不相符或与之矛盾的地方，从而提出更加完善的方案，确保最终软件系统满足产品需求，并且遵循系统设计的标准和规定。

2）系统测试的意义

从软件测试角度来看，系统测试有如下两个方面的意义：

①系统测试的环境是对软件真实运行环境的逼真模拟。系统测试中，各部分研制完成的真实设备逐渐替代了模拟器，是软件从未有过的真实运行环境。有关真实性的一类错误，包括外围设备接口、输入/输出或多处理器设备之间的接口不相容、整个系统的时序匹配等，在这种运行环境下能比较全面地暴露出来。

②通常测试的困难在于不容易从系统目标中直接生成测试用例，而系统测试由系统人员组织，从系统完成任务的角度测试，软件在系统测试下获得了系统任务下直接的测试实例，这对检验软件是否满足系统任务要求是非常有意义的。

系统测试的目标有：

①确认系统测试的过程是按需求说明书进行的。

②确认新系统是否与需求说明书有不同之处或者存在缺陷。

③对新系统在进行测试的过程中出现的不足或不符合要求的地方进行记录。

④建立完善的系统测试缺陷记录跟踪库。

⑤对测试过程中出现的问题进行修改,使之能达到令用户满足的程度。

4.4.2　系统测试的测试类型

系统测试的重点是从操作者的角度,测试系统对用户支持的情况,用户界面的规范性、友好性、可操作性,以及数据的安全性。被测软件可能运行的环境分别是开发环境、测试环境、用户环境。开发环境往往与用户环境有所差别;一个规划良好的系统测试环境总是很接近于用户环境,但也要兼顾开发环境;系统测试环境在测试计划和测试用例中要事先定义和规划。

系统测试一般要考虑功能测试、性能测试、负载测试、容量测试、安全性测试、用户界面测试、配置测试、安装测试等。其中,功能测试、性能测试、配置测试、安装测试在一般情况下是必需的,而其他的测试类型则需要根据软件项目的具体要求进行裁剪。

1)功能测试

功能测试只考虑各个功能,不需要考虑整个软件的内部结构及代码。一般从软件产品的界面、架构出发,按照需求编写出测试用例,从而测试一种产品的特性和可操作行为,以确定它是否满足要求。

2)性能测试

性能测试(Performance Testing)是评价一个产品或组件与性能需求是否符合的测试。性能测试在测试过程中起重要的作用,通过性能测试,可以确定在各种工作负载下系统的性能。性能测试可分为三个方面:应用在客户端、网络上和服务器端的性能测试。其目的是测试当负载逐渐增加时,系统各项性能指标是否会变化。

3)负载测试

负载测试(Load Testing)通过测试系统在资源超负荷情况下的表现,发现设计上的错误或验证系统的负载能力。此测试的目标是确定系统在超出预期工作量的情况下能否正常运行。此外,负载测试还要评估系统的性能特征,如系统的响应时间、事务处理等。

4)容量测试

通过性能测试,如果找到了系统的极限或苛刻的环境中系统的性能表现,在一定程度上,就完成了负载测试和容量测试。容量还可以看作系统性能指标中一个特定环境下的特定性能指标,即设定的界限或极限值。

5)安全性测试

安全性测试是在测试过程中检查系统对非法入侵的防范能力。

6）用户界面测试

用户界面测试是测试界面是否按照用户的要求来定义，所使用的文字是否正确，界面是否简洁、美观。

7）配置测试

配置事实上指的是软件生产过程中所需要的硬件、软件，以及开发过程中产生的各种各样的文档资料。配置测试就是从用户使用的角度出发，对它们进行全方位的测试，保证软件在网络操作系统下能够正常运行。

8）安装测试

安装测试（Installing Testing）是为了测试应用软件安装在特定的操作系统下能否正常运行。安装测试考虑的内容主要有：磁盘空间、目录、权限等。测试的一般要求是：磁盘空间要求留有 30%～35% 的空间；目录要求建立完整、醒目、方便操作；权限要求分为系统管理员级、特殊用户级和一般用户级。同时还应考虑到系统发生故障死机后重新启动和安装的问题，需要对安装的代码以及安装的用户手册进行核查。

4.5　验收测试

验收测试是在软件开发结束后，用户对软件产品投入实际应用以前，进行的最后一次质量检验活动。它要回答开发的软件产品是否符合预期的各项要求以及用户能否接受的问题。验收测试主要是验证软件功能的正确性和需求的符合性。软件研发阶段的单元测试、集成测试、系统测试的目的是发现软件错误，将软件缺陷排除在交付客户之前，而验收测试需要客户共同参与，是旨在确认软件符合需求规格的验证活动。由于它不只是检验软件某个方面的质量，而是要进行全面的质量检验，并且要判断软件是否合格，因此验收测试是一项严格的正式测试活动。需要根据事先制订的计划，进行软件配置评审、文档审核、源代码审核、功能测试、性能测试等多方面检测。

验收测试是软件工程项目关键的环节，也是决定软件开发是否成功的关键。系统测试完成后，并使系统试运行了预定的时间，就应进行验收测试。验收测试的组织应当面向客户，从客户使用和业务场景的角度出发，而不是从开发者实现的角度出发，应使用客户习惯的业务语言来描述业务逻辑，根据业务场景来组织测试，适当迎合客户的思维方式和使用习惯，便于客户的理解和认同。

验收测试应在尽可能实际真实的环境下进行，确认已开发的软件能否达到验收标准，包括对有关的文档资料的审查验收和对程序的测试验收等。如果受条件限制，也可以在模拟环境中进行测试，无论采用何种测试方式，都必须事先制订测试计划，规定要做的测试种类，并制订相应的测试步骤和具体的测试用例。对于一些关键性软件，还必须按照合同中一些严格条款进行特殊测试，如强化测试和性能降级执行方式测试等。

验收测试的目的是确保软件准备就绪，应该着重考虑软件是否满足合同规定的所有功能和性能，文档资料是否完整，人机界面和其他方面（例如，可移植性、兼容性、错误恢复能力和可维护性等)是否令用户满意等。验收测试通常以用户或用户代表为主体来进行,按照合同中预定的验收原则进行测试,这是一种非常实用的测试,实质上就是用户用大量的真实数据试用软件系统。

4.5.1 验收测试的主要内容

软件验收测试应完成的主要测试工作包括配置复审、合法性检查、软件文档检查、软件代码测试、软件功能和性能测试与测试结果交付内容等几项工作。

1)配置复审

验收测试的一个重要环节是配置复审。复审的目的在于保证软件配置齐全、分类有序,并且包括软件维护所必需的细节。

2)合法性检查

检查开发者在开发软件时,使用的开发工具是否合法。对在编程中使用的一些非本单位自己开发的,也不是由开发工具提供的控件、组件、函数库等,检查其是否有合法的发布许可。

3)软件文档检查

(1)必须提供检查的文档包括以下内容

①项目实施计划。

②详细技术方案。

③软件需求规格说明书(STP)(含数据字典)。

④概要设计说明书(PDD)。

⑤详细设计说明书(DDD)(含数据库设计说明书)。

⑥软件测试计划(STP)(含测试用例)。

⑦软件测试报告(STR)。

⑧用户手册(SUM)(含操作、使用、维护、应急处理手册)。

⑨源程序(SCL)(不可修改的电子文档)。

⑩项目实施计划(PIP)。

⑪项目开发总结(PDS)。

⑫软件质量保证计划(SQAP)等。

(2)其他可能需要检查的文档包括以下内容

①软件配置计划(SCMPP)。

②项目进展报表(PPR)。

③阶段评审报表(PRR)等。

(3)文档质量的度量准则

文档是软件的重要组成部分,是软件生存周期各个不同阶段的产品描述。文档质量的度量准则就是要评审各阶段文档的合适性,主要有完备性、正确性、简明性、可追踪性、自说明性、规范性方面内容。

在实际的验收测试执行过程中,常常会发现文档检查是最难的工作,一方面由于市场需求等方面的压力使这项工作常常被弱化或推迟,造成持续时间变长,加大了文档检查的难度;另一方面,文档检查中不易把握的地方非常多,每个项目都有一些特别的地方,而且也很难找到可用的参考资料。

4)软件代码测试

(1)源代码一般性检查

仅对系统关键模块的源代码进行抽查,检查模块代码编写的规范性、批注的准确性、是否存在潜在性错误以及代码的可维护性等。

(2)软件一致性检查

要求提交的源代码在其规定的编译环境中,能够重新编译无错误,并且能够完成相应的功能,从而确定移交的源代码确实是正确的源代码。

5)软件功能和性能测试

软件功能和性能测试不仅是检测软件的整体行为表现,从另一个方面看,也是对软件开发设计的再确认。在验收测试中,实际进行的具体测试内容和相关的测试方法,应与用户协商,根据具体情况共同确定,并非上面所列测试内容都必须进行测试。

(1)界面测试

对照界面规范(在软件需求规格说明书中规定,或者由软件工程规范中给出)和界面表(在概要设计中给出),检查各界面设计(包括界面风格、表现形式、组件用法、字体选择、字号选择、色彩搭配、日期表现、计时方法、时间格式、对齐方式等)是否规范、是否协调一致、是否便于操作。

(2)可用性测试

测试软件系统操作是否方便,用户界面是否友好等。测试功能和性能是否有影响操作流程的界面 Bug 和功能 Bug,记录具体 Bug 的数量、出现频率和严重程度。

(3)功能测试

检查数据在流程中各个阶段的准确性。对系统中每一模块利用实际数据运行,将其结果与同样数据环境下应该得出的结果相比较,或与软件需求规格说明书中要求的结果进行比较,如有偏差,则功能测试不能通过。检查软件需求规格说明书中描述的需求是否都得到满足;系统是否缺乏软件需求规格说明书中规定的重要功能;是否存在系统实际使用中不可缺少而软件需求规格说明书中没有规定的功能。如果存在遗产数据,应该检查遗产数据转换是否正确。

(4)稳定性测试

测试系统的能力达到的最高实际限度,即检查软件在一些超负荷情况下,其功能实现的情况。例如,要求软件进行某一行为的大量重复、输入大量的数据或大数值数据、对数据库进行大量复杂的查询等。利用边界测试(最大值、最小值、n 次循环)对系统进行模拟运行测试,观察其是否处于稳定状态。

（5）性能测试

根据系统设计指标，或者对被测软件提出的性能指标，测试软件的运行性能，例如，传输连接最长时限、传输错误率、计算精度、记录精度、响应时限和恢复时限等。

（6）强壮性测试

采用人工的干扰使应用软件、平台软件或者系统硬件出错，中断正常使用，检测系统的恢复能力。进行强壮性测试时，应该参考与性能测试相关的测试指标。

（7）逻辑性测试

根据系统的功能逻辑图，测试软件是否按规定的逻辑路径运行，选择一些极限数据判断软件运行是否存在错误或非法路径，从而发现系统的逻辑错误或非法后门。

（8）破坏性测试

输入错误的或非法的数据（类型），检查系统的报错、纠错的能力及稳定性，并测试可连续使用多长时间而系统不崩溃。

（9）安全性测试

验证安装在系统内的保护机构确实能够对系统进行保护，使之不受各种非常规的干扰，安全测试时需要设计一些测试用例试图突破系统的安全保密措施，检验系统是否有安全保密的漏洞。进行安全测试时，必须遵循相关的安全规定，并且有用户代表参加。

（10）性能降级执行方式测试

在某些设备或程序发生故障时，对于允许降级运行的系统，必须确定经用户批准的能够安全完成的性能降级执行方式，开发单位必须按照用户指定的所有性能降级执行方式或性能降级的方式组合来设计测试用例，应设定典型的错误原因和所导致的性能降级执行方式。开发单位必须确保测试结果与需求规格说明中包括的所有运行性能需求一致。

（11）检查系统的余量要求

必须实际考察计算机存储空间，输入/输出通道和批处理间接使用情况，要保持至少有20%的余量。

6）测试结果交付内容

测试结束后，由测试组填写软件测试报告，并将测试报告与全部测试材料一并交给用户代表。具体交付方式由用户代表和测试方双方协商确定。

4.5.2　α 测试和 β 测试

软件是否真正满足最终用户的要求，应由用户进行一系列验收测试。但事实上有时用户可能错误地理解操作命令，或提供一些奇怪的数据组合，亦可能对设计者自认为非常明了的输出信息迷惑不解等。也就是说软件开发设计人员在开发设计软件时，不可能完全预见用户实际使用软件系统的情况。α、β、λ 常用来表示软件测试过程中的三个阶段，α 是第一阶段，一般只供内部测试使用；β 是第二个阶段，已经消除了软件中大部分的不完善之处，但仍有可能还存在缺陷和漏洞，一般只提供给特定的用户群来测试使用；λ 是第三阶段，此时产品已经相当成熟，只需在个别地方再做进一步的优化处理即可上市发行。

验收测试可以是有计划、有系统的测试,有时验收测试长达数周甚至数月,不断暴露错误,导致开发期延长。另外软件产品可能拥有众多用户,不可能由每个用户验收。大型通用软件,在正式发布前,通常需要执行 α 和 β 测试,目的是从实际终端用户的使用角度,对软件的功能和性能进行测试,以发现可能只有最终用户才能发现的错误。

α 测试是在软件开发公司内模拟软件系统的运行环境下的一种验收测试,即软件开发公司组织内部人员,模拟各类用户行为对即将面市的软件产品(称为 α 版本)进行测试,试图发现并修改错误。

当然,α 测试也需要用户的参与,α 测试的关键在于尽可能逼真地模拟实际运行环境和用户对软件产品的操作,并尽最大努力涵盖所有可能的用户操作方式。α 测试发现的错误,可以在测试现场立刻反馈给开发人员,由开发人员及时分析和处理。目的是评价软件产品的功能、可使用性、可靠性、性能和支持。尤其注重产品的界面和特色。α 测试可以从软件产品编码结束之后开始,或在模块(子系统)测试完成后开始,也可以在确认测试过程中产品达到一定的稳定和可靠程度之后再开始。

只有当 α 测试达到一定的可靠程度后,才能开始 β 测试。β 测试是软件的多个用户在用户的实际使用环境下进行的测试。开发者通常不在测试现场,β 测试不能由程序员或测试员完成。因而,β 测试是在开发者无法控制的环境下进行的软件现场应用。在 β 测试中,要求用户报告异常情况,提出批评意见,一般包括功能性、安全可靠性、易用性、可扩充性、兼容性、效率、资源占用率、用户文档等方面的内容,然后软件开发公司再对 β 版本进行改错和完善。测试时由用户记下遇到的所有问题,包括真实的以及主管认定的,定期向开发者报告,开发者在综合用户的报告后,做出修改,最后将软件产品交付给全体用户使用。β 测试着重于产品的支持性,包括文档、客户培训和支持产品的生产能力。由于 β 测试的主要目标是测试可支持性,所以 β 测试应该尽可能由主持产品发行的人员来管理。

所以,可以把 α 测试看成对一个早期的、不稳定的软件版本所进行的验收测试,而把 β 测试看成是对一个晚期的、更加稳定的软件版本所进行的验收测试。

4.6　回归测试

回归测试,是在软件生命周期中,只要软件发生了改变,就可能产生问题,所以,每当软件发生变化时我们就必须重新测试现有的功能,以便确定修改是否达到了预期的目的,检查修改是否破坏原有的正常功能。回归测试可以发生在任何一个阶段,包括单元测试、集成测试和系统测试。

回归测试是为了保证对软件修改以后,没有引入新的错误而重复进行的测试。每当软件增加了新的功能,或者软件中的缺陷被修正,这些变更都有可能影响软件原有的功能和结构。为了防止软件的变更产生无法预料的副作用,不仅要对内容进行测试,还要重复进行过去已经进行过的测试,以证明修改没有引起未曾预料的后果,或证明修改后的软件仍能满足实际的需求。

　　严格地说,回归测试不是一个测试阶段,只是一种可以用于单元测试、集成测试、系统测试和验收测试各个测试过程的测试技术。在理想的测试环境中,程序每改变一次,测试人员都重新执行回归测试,一方面来验证新增加或修改功能的正确性,另一方面测试人员还要从以前的测试中选取大量的测试用例以确定是否在实现新功能的过程中引入了缺陷。

　　在软件系统运行环境改变后,如操作系统安装了新版本、硬件平台的改变(如增加了内存、外存容量),或者发生了一个特殊的外部事件,也可以采用回归测试。

　　如前所述,回归测试可以在所有的各个测试过程中采用,特别适用于较高阶段的测试过程,回归测试一般多在系统测试和验收测试环境下进行,以确保整个软件系统新的构造或新的版本仍然运行正确,或者确保软件系统的现有业务功能完好无损。

　　回归测试一般采用黑盒测试技术来测试软件的高级需求,而无须考虑软件的实现细节,也可能采用一些非功能测试来检查系统的增强或扩展是否影响了系统的性能特性,以及与其他系统间的互操作性和兼容性问题。由于测试的目的是确保被测试的软件系统在修改和扩充后是否对软件系统的功能和可靠性产生影响,所以在回归测试中还要认真分析,针对修改和扩充对软件可能产生影响的方面进行黑盒测试。

　　测试者凭借技术和经验,可以有效地、高效地确定测试所达到的范围和程度,从而确保修改或扩充后的系统能满足用户需求。错误猜测在回归测试中是很重要的,错误猜测看起来像是通过直觉发现软件中的错误或缺陷,实际上错误猜测主要来自于经验,测试者是使用了一系列技术来确定测试所要达到的范围和程度。这些技术主要包括以下内容:

　　①有关软件设计方法和实现技术。

　　②有关前期测试阶段结果的知识。

　　③测试类似或相关系统的经验,了解在以前的系统中曾在哪些地方出现缺陷。

　　④典型的产生错误的知识,如被零除错误。

　　⑤通用的测试经验规则。

　　设计和引入回归测试数据的重要原则是应保证数据中可能影响测试的因素与未经修改扩充的原软件上进行测试时的那些因素尽可能一致,否则要想确定观测到的测试结果是由于数据变化引起的还是很困难。例如,如果在回归测试中使用真实数据,理想的方法是首先使用以前软件测试中归档的测试数据集来进行回归测试,以便把观测到的与数据无关的软件缺陷分离出来。如果此次测试令人满意的话,可以使用新的真实数据,再重新执行回归测试,以便进一步确定软件的正确性。

　　当需要在回归测试中使用新的手工数据时,测试人员必须采用正规的设计技术,如前面介绍的边界分析或等价类划分方法等。

　　在回归测试范围选择上,一个最简单的方法是每次回归执行所有在前期测试阶段建立的测试,来确认问题修改的正确性,以及没有造成对其他功能的不利影响。很显然,这种回归的成本是高昂的。另外一种方法是有选择地执行以前的测试用例。这时,回归的时候仅执行先前测试用例的一个子集,此子集选取是否合理、是否具有代表性将直接影响回归测试的效果和效率。常用的用例选择方法可以分为以下 3 种：

（1）局限在修改范围内的测试

这类回归测试仅根据修改的内容来选择测试用例，这部分测试用例仅仅保证修改的缺陷或新增的功能被实现了；这种方法的效率是最高的，然而风险也是最大的，因为它无法保证这个修改是否影响了别的功能，该方法在进度压力很大或者系统结构设计耦合性很小的状态下可以被使用。

（2）在受影响功能范围内回归

这类回归测试需要分析当前的修改可能影响到哪部分代码或功能，对于所有受影响的功能和代码，其对应的所有测试用例都将被回归。如何判断哪些功能或代码受影响，依赖于开发过程的规范性和测试人员（或开发人员）的经验，有经验的开发人员和测试人员能够有效地找出受影响的功能或代码。对于单元测试而言，代码修改的影响范围需要充分考虑到一些对公共接口的影响，例如全局变量、输入输出接口变动、配置文件等。该方法是目前推荐的方法，适合于一般项目使用。

（3）根据一定的覆盖率指标选择回归测试

该方法一般是在相关功能影响范围难以界定的时候使用。

在渐进和快速迭代开发中，新版本的连续发布使回归测试进行得更加频繁，而在极端编程方法中，更是要求每天都进行若干次回归测试。回归测试是软件测试中的一个十分重要且成本昂贵的过程。针对如何减少回归测试成本，因此，通过选择正确的回归测试策略来改进回归测试的效率和有效性是非常有意义的。

习　题

1.什么是程序单元？单元测试的主要任务有哪些？

2.边界测试时哪些情况需要检查？常见的边界值有哪些？

3.简述单元测试中驱动模块和桩模块的作用。

4.集成测试的主要任务是解决哪些问题？

5.简述自顶向下增量式集成测试与自底向上增量式集成测试的含义。

6.简述系统测试的意义。

7.简述 α 测试和 β 测试的含义。

8.简述回归测试的含义。

第 5 章　黑盒测试与测试用例设计

黑盒测试也称为数据驱动测试或功能测试,通过测试来检验每个功能是否都能正常使用。本章介绍黑盒测试的基本概念,同时对等价类划分法、边界值测试法、正交试验法等测试方法进行详细的说明。

5.1　黑盒测试概述

黑盒测试也称数据驱动测试或功能测试,在测试时,完全不考虑程序内部结构和内部特性的情况下,把程序看作一个不能打开的黑盒子,在程序的接口处进行测试。在进行黑盒测试过程中,只是通过输入数据、进行操作、观察输出结果,检查软件系统是否按照需求规格说明书的规定正常运行,软件是否能适应地接收输入数据而产生正确的输出信息,并且保存外部信息(如数据库或文件)的完整性。黑盒测试着眼于程序外部结构,不考虑内部逻辑结构,只针对软件界面和软件描述,对照软件测试中的表现所进行的测试称为软件验证;以用户手册等对外公布的文件依据进行的测试称为软件审核。

黑盒测试是穷举法输入测试,只有把所有可能的输入都作为输入数据使用,才能查出程序中所有的错误。实际上测试情况有无穷多个,进行测试时不仅要测试所有合法的输入,还要考虑非法的可能会输入的数据。

黑盒测试一般分为两大类:功能测试和非功能测试。

功能测试主要包含等价类划分法、边界值分析、正交试验、因果图等,主要用于软件确认测试。

非功能性测试包含性能测试、强度测试、兼容性测试、配置测试、安全测试等。非功能性测试中几乎可以理解为系统测试,例如安装测试、配置测试等。

综上所述,每一种方法都是非常实用的,但是具体用什么方式测试,需要针对开发的项目的特点和开发人员的习惯来做适当的选择。下面分别对黑盒测试的常用方法进行介绍。

5.2　等价类划分

等价类是指某个输入域的子集合。在该子集合中,测试某等价类的代表值就等于对这一类其他值的测试,对于揭露程序的错误是等效的。因此,全部输入数据合理划分为若干等价类,在每一个等价类中取一个数据作为测试的输入条件,就可以用少量代表性的测试数据取得较好的测试结果。

5.2.1 等价类设计的方法

等价类划分为两种情况:有效等价类和无效等价类。

①有效等价类:对于程序的规格说明来说是合理的,有意义的输入数据构成集合,利用有效等价类可检验程序是否实现了规格说明中所规定的功能和性能。

②无效等价类:与有效等价类相反,是指对程序的规格说明无意义、不合理的输入数据构成集合。

5.2.2 划分等价类的方法

①按区间划分:如果提高给定的可能输入是一个取值范围,则可以确定一个有效区间和两个无效区间。如月份,取值范围为 $1\sim12$,其有效等价类和无效等价类划分如图 5.1 所示,可以确定一个有效等价类(如 5 月)和两个无效等价类(如 -1 月和 13 月)。

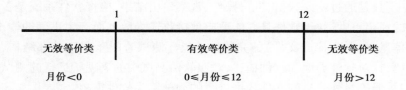

图 5.1　月份的有效等价类和无效等价类

②按数值划分:如果规定了输入数据的一组值,而且程序要对每一个输入值分别进行处理,则可为每一个输入值确立一个有效等价类,此外还可以正对这组值确立一个无效等价类,它是所有不允许的输入值的集合。

③按数值集合划分:假设可能输入的数据属于一个值的集合(假设有 n 个),并且程序要对每一个输入值进行处理,这时可以确立 n 个有效等价类和 1 个无效等价类。例如集合的值有 10 个,那么就可以确定 10 个有效等效等价类和 1 个无效等价类。

④按限制规则划分:如果输入条件是一个布尔类型的值,可确定 1 个有效等价类和 1 个无效等价类。

⑤按限制条件划分:如果规定输入数据必须要遵循某一种规则的情况下,可以确定一个有效等价类和无数个无效等价类。

⑥按处理方式划分:如果已经划分出等价类,但是不同的元素在程序的处理方式不同,则可以划分更小的等价类。

确立了等价类划分之后,可以建立等价类划分表,列出所有划分出的等价类,见表 5.1。

表 5.1　等价类表

输入条件	有效等价类	编号	无效等价类	编号
输入条件 1	……	(1)	……	(2)

输入条件	有效等价类	编号	无效等价类	编号
输入条件 2	……	(3)	……	(4)
……	……	……	……	……
输入条件 N	……	(n)	……	(n+1)

5.2.3 设计测试用例

划分出等价类后,需要按照以下原则选择测试用例:

①每一个等价类固定一个唯一的编号。

②设计一个新的测试用例,使其尽可能多地覆盖尚未覆盖的有效等价类。

③重复步骤②,直到所有的有效等价类全部被覆盖为止。

④设计一个新的测试用例,使其仅覆盖一个无效等价类。

⑤重复步骤④,直到所有的无效等价类全部被覆盖为止。

⑥把所设计的所有等价类用例填写到等价类测试用例表中,见表5.2。

表 5.2 测试用例表

测试用例编号	输入数据		预期结构	覆盖等价类
	条件 1	条件 2		
Test1	……	……	……	……
……	……	……	……	……
Testn	……	……	……	……

例 5.1 三角形问题:输入 3 个整数 a、b、c(三条边都不大于 100),分别作为三角形 3 条边的长度,通过程序判断 3 条边构成三角形的类型是等边三角形、等腰三角形、一般三角形或者不构成三角形。

(1)方案设计

①三条边长度都是整数,且在规定的范围内同时满足任意两边长度和大于第三边长度。

②如果三条边长度都相等,则构成等边三角形。

③如果有两条边长度相等,则构成等腰三角形。

④如果三条边长度均不相等,则构成一般三角形。

⑤如果不满足①,则不构成三角形。

(2)等价类划分

根据方案分析设计等价类划分表,见表5.3。

表 5.3   三角形问题等价类表

输入条件	有效等价类	编号	无效等价类	编号
是否为三角形 3 条边	$0<a\leqslant100$	（1）	$a\leqslant0\parallel a>100$	（7）
	$0<b\leqslant100$	（2）	$b\leqslant0\parallel b>100$	（8）
	$0<c\leqslant100$	（3）	$c\leqslant0\parallel c>100$	（9）
	$a+b>c$	（4）	$a+b\leqslant c$	（10）
	$a+c>b$	（5）	$a+c\leqslant b$	（11）
	$c+b>a$	（6）	$c+b\leqslant a$	（12）
是否为等腰三角形	$a=b$	（13）	$a\neq b\&\&c\neq b\&\&\ a\neq c$	（16）
	$c=b$	（14）		
	$a=c$	（15）		
是否为等边三角形	$a=b\&\&c=b\&\&a=c$	（17）	$a\neq b$	（18）
			$c\neq b$	（19）
			$a\neq c$	（20）

（3）测试用例表

根据等价类表设计测试用例表,见表 5.4。

表 5.4   测试用例表

用例序号	测试数据(a,b,c)	覆盖等价类	预期输出
1	3、4、5	（1）～（6）	一般三角形
2	−1、2、3	（7）	不构成三角形
3	1、12、3	（8）	不构成三角形
4	1、2、103	（9）	不构成三角形
5	3、3、7	（10）	不构成三角形
6	3、8、3	（11）	不构成三角形
7	8、3、4	（12）	不构成三角形
8	3、3、4	（1）～（6）、（13）	等腰三角形
9	4、3、3	（1）～（6）、（14）	等腰三角形
10	3、4、3	（1）～（6）、（15）	等腰三角形
11	3、4、5	（1）～（6）、（16）	一般三角形

用例序号	测试数据(a,b,c)	覆盖等价类	预期输出
12	5、5、5	(1)~(6)、(17)	等边三角形
13	3、5、3	(1)~(6)、(18)	等腰三角形
14	3、5、3	(1)~(6)、(19)	等腰三角形
15	3、5、5	(1)~(6)、(20)	等腰三角形

5.3 边界值设计方法

边界值分析法是对输入或输出边界值进行测试的一种方法,同时也是黑盒测试中非常重要的一种测试方法。边界值不是只选取等价类中的典型数据或者任意作为测试数据,而是通过选择等价类的边界值作为测试用例,把边界值分析法看作等价分析法的一种补充。

在边界值分析方法中,不仅要考虑输入条件的边界,还要考虑输出域边界产生的测试情况。

从我们长期的生活、工作经验得知,大量的错误是发生在输入或者输出范围的边界上,因此针对各种边界情况设计不同用例,可以查出更多的错误。例如在做三角形计算时,要绘出三角形的三条边。这 3 个值要满足全部大于 0 及两边之和大于第三边,才能构成三角形。但如果因为输入的时候把任意一个">"输入成"≥",那么就会导致结果出现错误,问题就是出现在容易疏忽的边界附近。这里所说的边界值可以理解为是相对于输入或者输出等价类而言,指稍高于或低于边界值的一些特殊情况。

常见的边界值如下所示:

①对 16 Bit 的整数而言,32767 和 32768 是边界。

②屏幕上光标在最左上、最右下位置。

③数组元素的第一个和最后一个。

④循环的第 0 次、第 1 次和倒数第 2 次、最后一次。

⑤报表或者某些文档的第一行和最后一行。

⑥表单所接受的信息,例如文本框接受用户名、密码的长度等。

5.3.1 设计原则

边界值分析作为等价类划分法的补充,不是选取等价类中典型值或者任意值作为测试数据,而是通过选择等价类的边界值作为测试用例。

1)基于边界值分析法选择测试用例的原则

①如果输入条件规定了值的范围,则应该取刚刚达到这个范围的边界的值以及刚刚

超越这个范围边界的值作为测试输入数据。

例如,若一个表单输入值的范围是"1~100",则可选取"1""2""99""100"作为测试输入数据。

②如果输入条件规定了值的个数,则用最大个数、最小个数、比最小个数少1、最大个数多1的数作为测试数据。

例如,一辆公交车可以同时容纳1~35位乘客乘坐(不包含司机),则可以分别设计0、1、35、36位乘客。

③如果程序的规格说明给出的输入域或输出域是有序集合,则应该选取集合的第一个元素和最后一个元素作为测试用例。

例如:一个程序的输入集合为1~25,则可以设计"1"和"25"为测试数据

④根据规格说明书的每个输出条件,使用前面的原则。

例如:一个超市的折扣计算为9.5折或者8折,则设计一些测试用例,使得最后结果折扣刚好是9.5和8折即可。

⑤如果程序中使用了一个内部数据结构,则应当选择这个内部数据结构的边界上的值作为测试用例。

例如:判定三个值是否可以组成三角形,那么可以设计某一边不输入的情况下,观察程序结果。

⑥分析规格说明书,找出其他可能的边界条件。

2)常见的边界值分析设计方法

(1)一般边界值分析

对于含有 n 个变量的程序,取值为 min、min$^+$、mormal、max$^-$、max,测试用例的数目为 4N+1。一般边界值分析法的输入变量 X_1、X_2 的取值范围是 $a \leq X_1 \leq b, c \leq X_2 \leq d$,例如输入值有 1~20,边界值分析选取的值为:1,2,5,19,20 五个值。

(2)健壮性边界值分析

①健壮性是指在异常情况下,软件还能正常运行的能力。健壮的系统是指对于规范要求以外的输入,能够判断该输入不符合要求,并能合理处理的系统。

②健壮性测试是边界值分析的一种简单扩展,除了使用 5 个边界值分析取值,还要采用:

一个略超过最大值(max+)的取值

一个略小于最小值(min-)的取值

(xmin-,xmin,xmin+,xnom,xmax-,xmax,xmax+)

对于一个 n 变量函数,健壮性边界值分析会产生 6n+1 个测试用例。

③健壮性测试的主要价值是观察异常情况的处理。

软件质量要素的衡量标准:软件的容错性。

软件容错性的度量:从非法输入中恢复。

（3）最坏情况边界值测试

①最坏情况测试的基本思想。

边界值测试分析采用了可靠性理论的单缺陷假设。

最坏情况测试拒绝这种假设，关心当多个变量都取极值时会出现什么情况。

②最坏情况用例设计方法。

对每一个变量首先进行包含最小值、略高于最小值、正常值、略低于最大值、最大值五个元素集合的测试，然后对这些集合进行笛卡尔积计算，以生成测试用例。

n 变量函数的最坏情况测试会产生 $5n$ 个测试用例。

（4）健壮最坏边界值测试

①对每一个变量，首先进行包含最小值、略高于最小值、正常值、略低于最大值、最大值、略大于最大值、略小于最小值的取值。然后对这些集合进行笛卡尔积计算，以生成测试用例。

②健壮最坏情况测试总产生 $7n$ 个测试用例。

对以上 4 种方法总结，见表 5.5。

表 5.5　各种方法设计用例个数表

	一般边界值	健壮边界值	最坏情况边界值	健壮性最坏情况
测试用例取值	5	7	5	7
是否有缺陷	是	是	否	否
总体用例	$4n+1$	$6n+1$	$5n$	$7n$

5.3.2　应用举例

例 5.2　假设学校门口有一个超市，此超市内所有商品价格都不大于 100 元人民币且商品价格都是整数，若顾客付款在 100 元内，求给顾客找回的最少货币数。

题目分析：

①假设货币面值只有 100 元、50 元、10 元、5 元和 1 元五种。

②假设价格为 R，顾客付款为 P，找回张数为 N（N 为整数）。

③假设 4 种货币找回分别为 N5、N10、N50、N1，这个值就是要求的结果。

④输入情况有：R>100，0<R≤100，R<0（这里不讨论 R＝0 的情况，但是在测试过程中需要讨论 R＝0 的情况）、P>100，R≤P≤100，P<R。

⑤输出情况有：N50＝1∥0，0≤N10<5，N5＝1∥0，0≤ N1<5（N10<5 的原因是当 N10＝5 的时候就直接找回 N50，N1<5 同理）。

⑥测试用例（R，P）见表 5.6。

表 5.6 测试用例表

用例序号	R	P	预期输出
1	101	99	
2	101	100	
3	101	101	非法输入
4	101	102	
5	100	100	$N50=0,N10=0,N5=0,N1=0$
6	100	101	
7	100	99	非法输入
8	50	50	$N50=0,N10=0,N5=0,N1=0$
9	50	51	$N50=0,N10=0,N5=0,N1=1$
10	50	99	$N50=0,N10=4,N5=1,N1=4$
11	50	100	$N50=1,N10=0,N5=0,N1=0$
12	50	101	
13	50	49	非法输入
14	50	80	$N50=0,N10=3,n5=0,n1=0$
15	0	−1	
16	0	0	
17	0	50	非法输入
18	0	100	
19	0	101	
20	−1	−2	
21	−1	−1	
22	−1	50	非法输入
23	−1	100	
24	−1	101	

5.4 正交试验设计方法

5.4.1 概述

1) 概念

试验设计是数理统计学的一个重要分支,多数数理统计方法主要用于分析已经得到的数据,而试验设计却是用于决定数据收集的方法。试验设计方法主要讨论如何合理地安排试验以及试验所得的数据如何分析等。

正交试验设计法是利用正交表来合理安排试验的一种方法。

在安排一次试验时,首先要明确试验的目的是什么?用什么指标来衡量结果是否合理?影响试验的因素可能是什么?为了明确是哪些因素影响,应该把因素选择在哪些水平上?

正交试验设计包含3个关键因素,具体如下:

①指标:判断试验结果优劣的标准。在正交试验中,主要设计可测量的定量指标,常用 X、Y、Z 来表示。

②因素(因子):对试验指标可能产生影响的原因。因素是在试验中应当加以考察的重要内容,一般用 A、B、C……来表示,在正交试验中,只选取可控因素参加试验。

③水平:因素在试验中所处的状态或条件。对于定量因素,每一个选定值即为一个水平。水平又称位级,一般用 1、2、3、……来表示,在试验中需要考察某因素的几种状态时,则称该因素为水平因素。

2) 正交表:在设计安排正交试验时制作好的标准化表格

记为 $L_{次数}(水平数^{因子数})$,例如 $L_8(4^1 \times 2^4)$ 表示实验次数为8,1个4水平的因子,4个2水平的因子。

解释:$L_{次数}(水平数^{因子数})$,见表5.7。

表 5.7 测试用例表

试验号	因子(列号)		
	1	2	3
1	1	1	1
2	1	2	2
3	2	1	2
4	2	2	1

$L_4(2^3)$

L 代表正交表,4 代表有 4 横行,2 代表有两种水平数(这里为 1 和 2),3 代表有 3 列。

特点一:每一列中每个因子的水平出现次数相等,即在同一列中 1、2 分别出现两次;

特点二:任何两个因素之间,各个水平搭配出现的有序列(左右),每对数出现的次数相等,这里的有序列(1 1)(1 2)(2 1)(2 2)。

3)设计步骤

①依据被测对象说明构造因子-状态表。

分析软件的规格说明书得到影响软件功能的因子,确定那些因子可以有哪些取值,即确定因子的状态。例如,某系统文件查询功能面向系统注册用户和非注册用户开放,查询条件有简单查询和高级查询之分,非注册用户只能查询公开文件并且查询结果只能在终端屏幕上显示,系统注册用户可以查询公开文件和授权文件并且查询结果可以输出到指定的文件或在终端上显示。见表 5.8。

表 5.8　因子-状态表

状态	因子			
	用户类别	文件类别	查询方式	显示方式
1	注册用户	公开文件	简单	终端显示
2	非注册用户	授权文件	高级	输出到文件

②加权筛选,生成因素分析表。

在实际测试中,软件的因子及因子的状态会有很多,每个因子及其状态对软件的作用也大不相同,如果把这些因子及状态都划分到因子-状态表中,最后生成的测试用例会非常多,从而会影响测试效率。

加权筛选就是根据因子或状态的重要程度、出现频率等因素计算因子和状态的权值,权值越大,表明因子或状态越重要,而权值越小,表明因子或状态的重要性越小。加权筛选之后,可以去掉一部分权值较小的因子或状态,使得最后生成的测试用例集缩减到允许的范围。

③选取合适的正交表,生成测试数据集。

④根据被测对象的特征,补充由正交表无法得到的测试用例。

4)正交表分类

①统一水平数正交表:表中各个因子的水平数相同,记为 $L_{次数}(水平数^{因子数})$。

②混合水平数正交表:表中的各个因子的水平数不同,记为 $L_{次数}(水平数^{因子数} \times 水平数^{因子数})$。

5.4.2　应用举例

例 5.3　有 5 个因子 A,B,C,D,E,其中 A 因子的水平数为 4,其水平分别为(A1、A2、

A3、A4),另外 4 个因子的水平数为 2,其中 B 因子的水平为(B1、B2),C 因子的水平为(C1、C2),D 因子的水平为(D1、D2),E 因子的水平为(E1、E2),因此选用正交表为:
$L_8(4^1 \times 2^4)$,见表 5.9,整理后正交表见表 5.10。

表 5.9 正交表

编号	因子				
	1	2	3	4	5
1	0	0	0	0	0
2	0	1	1	1	1
3	1	0	0	1	1
4	1	1	1	0	0
5	2	0	1	0	1
6	2	1	0	1	0
7	3	0	1	1	0
8	3	1	0	0	1

表 5.10 整理后正交表

编号	因子				
	A	B	C	D	E
1	A1	B1	C1	D1	E1
2	A1	B2	C2	D2	E2
3	A2	B1	C1	D2	E2
4	A2	B2	C2	D1	E1
5	A3	B1	C2	D1	E2
6	A3	B2	C1	D2	E1
7	A4	B1	C2	D2	E1
8	A4	B2	C1	D1	E2

5.4.3 正交试验设计方法的优点和缺点

正交实验法作为设计测试用例的方法之一,也有其优缺点。

1）优点

①更具正交性。从全面试验中挑选出部分有代表性的点进行试验,这些有代表性的特点具备了"均匀分散,整齐可比"的特点。

②通过使用正交试验法减少了测试用例,合理地减少测试的工时与费用,提高了测试用例的有效性。

③是一种高效、快速、经济的试验设计方法。

2）缺点

对每个状态点同等对待,重点不突出,容易造成在用户不常用的功能或场景中,花费不少时间进行测试设计与执行,而在重要路径的使用上反而没有重点测试。

虽然正交试验设计有上述不足,但它能通过部分试验找到最优水平组合,因而很受实际工作者的青睐。

5.5 因果图设计方法

因果图利用图解法分析输入的各种组合情况,适合描述多种输入条件的组合、相应产生多个动作的方法。因果图具有如下好处:

①考虑多个输入之间的相互组合、相互制约关系。

②指出需要规格说明描述中存在不完整性和二义性等问题。

③帮助测试人员按照一定的步骤高效地开发测试用例。

但是,因果图也存在如下缺陷:

①作为输入条件的原因和输出结果之间的因果关系有时候很难从软件规格设明书中得到。

②因果图得到的测试用例数量规模大,导致测试工作量最惊人。

5.5.1 基本术语

因果图需要处理输入之间的作用关系,还要考虑输出情况,因此它包含了复杂的逻辑关系,这些复杂的逻辑关系通常用图示来展现,这些图示就是因果图。

因果图使用一些简单的逻辑符号和直线将程序的因（输入）与果（输出）连接起来,一般原因用 c_i 来表示,结果用 e_i 来表示,输入与输出值可以取"0"或"1",其中"0"表示状态不出现,"1"表示状态出现。

c_i 和 e_i 之间有恒等、非（~）、或（∨）、与（∧）4 种关系,如图 5.2 所示。

图 5.2 展示了因果图的 4 种关系,每种关系的具体含义如下。

①恒等:在恒等关系中,要求程序有 1 个输入和 1 个输出,输出与输入保持一致。若 c_1 为 1,则 e_1 也为 1;若 c_1 为 0,则 e_1 也为 0。

②非:非使用符号"~"表示,在这种关系中,要求程序有 1 个输入和 1 个输出,输出是输入的取反。若 c_1 为 1,则 e_1 也为 0;若 c_1 为 0,则 e_1 也为 1。

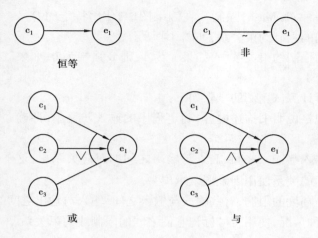

恒等

非

或

与

图 5.2　因果图

③或:或使用的符号为"∨"表示,或关系也可以有任意个输入,只要这些输入中有一个为 1,则输出为 1,否则输出为 0。

④与:与使用的符号为"∧"表示,与关系也可以有任意个输入,但是只有当这些输入全部为 1,则输出为 1,否则输出为 0。

在软件测试中,如果程序有多个输入,那么除了输入与输出之间的关系之外,这些输入之间往往也会存在某些依赖关系,某些输入条件本身不能同时出现,某一种输入可能会影响其他输入。例如,某一高校有一个新生报名系统,输入录取码后,只能选择是否报道,这两种输入不能同时存在,而且如果输入不报道,那么后面的报道流程就会受到限制。这些依赖关系在测试中称为"约束",约束的类别可以分为 4 种:E(Exclusive,异或)、I(at least one,或)、O(one and only one,唯一)、R(Requires,要求),在因果图中,用特定的符号表明这些约束关系,如图 5.3 所示。

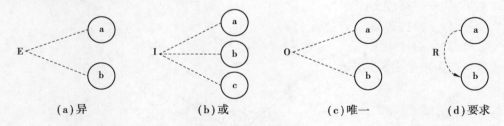

(a)异　　　　　(b)或　　　　　(c)唯一　　　　　(d)要求

图 5.3　多个输入之间的约束符号

图 5.3 展示了多个输入之间的约束符号,这些约束关系的含义具体含义如下。

①E(异):a 和 b 中最多只能有一个为 1,即 a 和 b 不能同时为 1。

②I(或):a、b 和 c 中至少有一个必须是 1,即 a、b、c 不能同时为 0。

③O(唯一):a 和 b 有且仅有一个为 1。

④R(要求):a 和 b 必须保持一致,即 a 为 1 时,b 也必须为 1,a 为 0 时,b 也必须为 0。

上面这 4 种都是关于输入条件的约束。除了输入条件,输出条件也会互相约束,输出条件的约束只有一种 M(Mask,强制),在因果图中,使用特定的符号表示输出条件之间的强制约束关系,如图 5.4 所示。

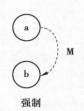

在输出条件的强制约束关系中,如果 a 为 1,则 b 强制为 0;如果 a 为 0,则 b 强制为 1。

使用因果图设计测试用例的步骤如下:

①分析程序规格说明书描述内容,确定程序的输入与输出,即确定"原因"和"结果"。

②分析得出输入与输入之间、输入与输出之间的对应关系,将这些输入与输出之间的关系使用因果图表示出来。

③由于语法与环境的限制,有些输入与输入之间、输入与输出之间的组合情况是不可能出现的,对于这种情况,使用符号标记它们之间的限制或约束关系。

④将因果图转换为决策表。

根据决策表设计测试用例。

图 5.4 输出条件之间的强制约束关系

5.5.2 应用举例

例 5.4 软件需求规格说明书如下:第一列字符必须为 A 或 B,第二列字符必须为数字,在此种情况下进行修改文件。但如果第一列字符不正确,则给出信息 L;如果第二列字符不是数字,则给出信息 M。

要求采用因果图设计测试用例。

答:

原因:1——第一个字符为 A

2——第一个字符为 B

3——第二个字符为数字

结果:50——修改文件

51——打印 L

52——打印 M

题目因果图如图 5.5 所示。

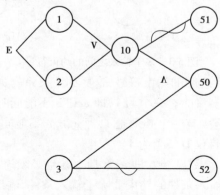

图 5.5 因果图

习　题

1. 下列选项中,哪一项是等价类划分法用来设计测试用例的基础(　　)。

    A.有效等价类　　　　　　　　　　　B.无效等价

    C.等价类表　　　　　　　　　　　　D.测试用例集

2. 下列选项中,侧重输入条件的组合的测试方法是(　　)。

    A.有效等价类　　　　　　　　　　　B.边界值分析

    C.错误推测法　　　　　　　　　　　D.因果图法

3. 简单描述黑盒测试各种方法的特点。

4. 简述等价类划分法设计测试用例的方法。

第6章 白盒测试

6.1 白盒测试概述

白盒测试(White Box Testing)也称结构测试或逻辑驱动测试,它是按照程序内部的结构测试程序,通过测试来检测产品内部动作是否按照设计规格说明书的规定正常进行,检验程序中的每条通路是否都能按预定要求正确工作。这一方法是把测试对象看作一个打开的盒子,测试人员依据程序内部逻辑结构相关信息,设计或选择测试用例,对程序所有逻辑路径进行测试,通过在不同点检查程序的状态,确定实际的状态是否与预期的状态一致。

具体来说,白盒测试是一种测试用例设计方法,盒子指的是被测试的软件,白盒指的是盒子是可视的,你清楚盒子内部的东西以及里面是如何运作的。"白盒"法全面了解程序内部逻辑结构、对所有逻辑路径进行测试。"白盒"法是穷举路径测试。在使用这一方案时,测试者必须检查程序的内部结构,从检查程序的逻辑着手,得出测试数据。贯穿程序的独立路径数是天文数字。但即使每条路径都测试了仍然可能有错误。主要原因如下:

第一,穷举路径测试决不能查出程序违反了设计规范,即程序本身是个错误的程序。

第二,穷举路径测试不可能查出程序中因遗漏路径而出错。

第三,穷举路径测试可能发现不了一些与数据相关的错误。

与黑盒测试相比,白盒测试主要用在具有高可靠性要求的软件领域,如军工软件、航天航空软件、工业控制软件等。

白盒测试的特点:依据软件设计说明书进行测试、对程序内部细节的严密检验、针对特定条件设计测试用例、对软件的逻辑路径进行覆盖测试。

白盒测试的实施步骤如下:

①测试计划阶段:根据需求说明书,制定测试进度。

②测试设计阶段:依据程序设计说明书,按照一定规范化的方法进行软件结构划分和设计测试用例。

③测试执行阶段:输入测试用例,得到测试结果。

④测试总结阶段:对比测试的结果和代码的预期结果,分析错误原因,找到并解决错误。

白盒测试可以应用于任何测试级别,在不同测试级别,其分析的结构可能有所不同;满足白盒测试的测试覆盖率,意味着被测对象已不需要基于此技术再进行额外的测试,但是可以继续应用其他测试技术。

白盒测试工具在选购时应当注意对开发语言的支持、代码覆盖的深度、嵌入式软件的测试和测试的可视化等。白盒测试工具是对源代码进行的测试,测试的主要内容包括词法分析与语法分析、静态错误分析、动态检测等。但是对于不同的开发语言,测试工具实现的方式和内容差别是较大的。测试工具主要支持的开发语言包括:C、C++、Java 和 J++等。对于嵌入式软件的测试,我们需要一方面进一步考虑测试工具对于嵌入式操作系统的支持能力,例如 DOS、Vxworks、Neculeus、Linux 和 Windows CE 等;另一方面还需要考虑测试工具对于硬件平台的支持能力,包括是否支持所有 64/32/16 位 CPU 和 MCU,是否可以支持 PCI/VME/CPCI 总线。

　　白盒测试技术是深入到代码一级的测试,使用这种技术发现问题最早,效果也是最好的。该技术主要的特征是测试对象进入了代码内部,根据开发人员对代码和对程序的熟悉程度,对有需要的部分进行在软件编码阶段,开发人员根据自己对代码的理解和接触所进行的软件测试叫做白盒测试。这一阶段测试以软件开发人员为主,在 JAVA 平台使用 Xunit 系列工具进行测试,Xunit 测试工具是类一级的测试工具,对每一个类和该类的方法进行测试。

　　采用什么方法对软件进行测试呢? 常用的软件测试方法有两大类:静态测试方法和动态测试方法。其中软件的静态测试不要求在计算机上实际执行所测程序,主要以一些人工的模拟技术对软件进行分析和测试;而软件的动态测试是通过输入一组预先按照一定的测试准则构造的实例数据来动态运行程序,而达到发现程序错误的过程。

　　白盒测试的测试方法有代码检查法、静态结构分析法、静态质量度量法、逻辑覆盖法、基本路径测试法、域测试、符号测试、路径覆盖和程序变异。

　　代码评审:靠人发现代码中不符合规范的地方、潜在的错误。

　　代码性能分析:发现代码中的性能缺陷。

　　白盒测试:发现代码中的错误。白盒测试用例中的输入数据从程序结构中导出,期望输出从需求规格中导出。最彻底的白盒测试是覆盖程序中的每一条执行路径,但是程序中一般都有循环,路径数目很大,不可能测试每一条路径,所以只能希望用例能够覆盖代码的程度尽量高些。

6.2　程序控制流图

　　程序的结构形式是白盒测试的主要依据,对程序结构的分析包括:控制流分析、数据流分析和信息流分析。

　　(1)控制流分析

　　通过控制流图矩阵来标识程序的控制流程图,分析程序的控制流是为了使编写的程序有好的结构,对于程序结构提出以下四点基本要求:

　　①转向并不存在的标号。

　　②没有用的语句标号。

　　③从程序入口进入后无法达到的语句。

④不能达到停机的语句。

目前主要是通过编译器和程序分析工具来实现程序控制流分析。

（2）数据流分析

数据流分析是分析程序中未定义变量的使用和未曾使用的变量定义。利用数据流分析的结果可以进行代码编译优化。

（3）信息流分析

目前信息流分析主要用在验证程序变量间信息的传输遵循保密要求。

信息流分析主要分析输出值跟输入值之间的影响关系，也就是说，看看哪个输入值会间接或直接地影响到输出结果。

程序的信息流关系，为软件开发和确认提供了十分有益的工具。

6.3　逻辑覆盖测试

白盒测试法的覆盖标准有逻辑覆盖、循环覆盖和基本路径测试。其中逻辑覆盖包括语句覆盖、判定覆盖、条件覆盖、判定/条件覆盖、条件组合覆盖和路径覆盖。

6 种覆盖标准：语句覆盖、判定覆盖、条件覆盖、判定/条件覆盖、条件组合覆盖和路径覆盖，发现错误的能力呈由弱至强的变化。具体关系如图 6.1 所示。

发现错误的能力	弱 ↓ 强	语句覆盖	每条语句至少执行一次
		判定覆盖	每一判定的每个分支至少执行一次
		条件覆盖	每一判定中的每个条件，分别按"真""假"至少各执行一次
		判定/条件覆盖	同时满足判定覆盖和条件覆盖的要求
		条件组合覆盖	求出判定中所有条件的各种可能组合值，每一可能的条件组合至少执行一次

图 6.1　逻辑覆盖发现错误的能力对比

（1）语句覆盖（SC）

要求设计足够多的测试用例，使得每一条语句至少被执行一次。语句覆盖率指的是程序内被执行的语句的语句数与程序内所有的可执行语句数的比值。白盒测试技术的测试期望结果应该是根据需求或规格说明来确定的，而不是代码本身来确定；语句覆盖率分析的观点集中在被测对象的可执行语句上，测试用例的执行可以满足实现定义的语句覆盖率要求。其覆盖标准无法发现判定中逻辑运算的错误。例如：

我们看下面的被测试代码：

int foo(int a, int b)

```
}
return a / b;
}
```

假如测试人员编写如下测试案例：

TeseCase：a = 10，b = 5

测试人员的测试结果会告诉你，他的代码覆盖率达到了 100%，并且所有测试案例都通过了。然而遗憾的是，我们的语句覆盖率达到了所谓的 100%，但是却没有发现最简单的 Bug，比如，当我让 b=0 时，会抛出一个除零异常。

简言之，语句覆盖，就是设计若干个测试用例，运行被测程序，使得每一可执行语句至少执行一次。这里的"若干个"，意味着使用测试用例越少越好。

（2）判定覆盖（分支覆盖）（DC）

要求设计足够多的测试用例，使得程序中的每一个分支至少通过一次，即每一条语句的真值和假值都至少执行一次，所以判定覆盖也成为分支覆盖。判定覆盖率指的是程序内遍历到的分支数与程序内所有的分支数的比值，或遍历到的边数与程序内所有的边数的比值。判定覆盖关注的是控制流图中的边，即不仅要考虑连接一般语句的边，更要考虑判定语句的所有分支。但若程序中的判定是有几个条件联合构成时，它未必能发现每个条件的错误。

例：

```
int a,b;
if( a || b )
执行语句 1
else
执行语句 2
```

要达到这段程序的判断覆盖，采用测试用例：

①a = true，b = false；

②a = false，b = false

（3）条件覆盖（CC）

使得程序中每个判定的每个条件的所有可能条件取值至少执行一次。但未必能覆盖全部分支。

例：

```
int a,b;
if( a || b )
执行语句 1
else
执行语句 2
```

要达到这段程序的条件覆盖，采用测试用例：

①a = true，b = false；

②a = false, b = true

（4）判定条件覆盖（CDC）

设计若干个测试用例，运行被测程序，使得程序中每个判定的每个条件的所有可能条件取值至少执行一次，同时每个判定的所有可能判定取值至少执行一次。即要求同时满足分支覆盖和条件覆盖。

例：

int a,b;

if(a || b)

执行语句 1

else

执行语句 2

要达到这段程序的判定/条件覆盖，采用测试用例：

①a = true, b = true;

②a = false, b = false

（5）条件组合覆盖（MCC）

设计若干个测试用例，运行被测程序，使程序中每一个判定的所有可能的条件取值组合至少执行一次。

例：

int a,b;

if(a || b)

执行语句 1

else

执行语句 2

要达到这段程序的判定/条件覆盖，采用测试用例：

①a = true, b = true;

②a = false, b = false;

③a = true, b = false;

④a = false, b = ture

（6）路径覆盖

设计若干测试用例，运行被测程序，覆盖程序中的所有可能路径。白盒测试主要对程序模块进行如下的检查：

①对模块的每一个独立的执行路径至少测试一次。

②对所有的逻辑判定的每一个分支（真与假）都至少测试一次。

③在循环的边界和运行界限内执行循环体。

④测试内部数据结构的有效性。

6.4　路径分析与测试

1）基本路径测试法的定义

基本路径测试法是在程序控制流图的基础上,通过分析控制构造的环路复杂性,导出基本可执行路径集合,从而设计测试用例的方法。设计出的测试用例要保证在测试中程序的每个可执行语句至少执行一次。

2）基本路径测试法的基本步骤

①程序的控制流图:描述程序控制流的一种图示方法。

②程序圈复杂度:McCabe 复杂性度量。圈复杂度是一种为程序逻辑复杂性提供定量测度的软件度量,将该度量用于计算程序的基本的独立路径数目,为确保所有语句至少执行一次的测试数量的上界。独立路径必须包含一条在定义之前不曾用到的边。从程序的环路复杂性可导出程序基本路径集合中的独立路径条数,这是确定程序中每个可执行语句至少执行一次所必要的测试用例数目的上界。有以下三种方法计算圈复杂度:方法一:流图中区域的数量对应于环型的复杂性;方法二:给定流图 G 的圈复杂度 V(G),定义为 V(G)＝E−N+2,E 是流图中边的数量,N 是流图中结点的数量;方法三:给定流图 G 的圈复杂度 V(G),定义为 V(G)＝P+1,P 是流图 G 中判定结点的数量。

③导出测试用例:根据圈复杂度和程序结构设计用例数据输入和预期结果。

④准备测试用例:为了确保基本路径集中的每一条路径的执行,根据判断结点给出的条件,选择适当的数据以保证某一条路径可以被测试到。

3）基本路径测试法的工具方法

图形矩阵,是在基本路径测试中起辅助作用的软件工具,利用它可以实现自动地确定一个基本路径集。

4）程序的控制流图

描述程序控制流的一种图示方法。程序控制的基本结构如图 6.2 所示。

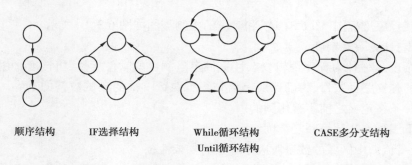

| 顺序结构 | IF选择结构 | While循环结构
Until循环结构 | CASE多分支结构 |

图 6.2　程序结构

流图只有两种图形符号：

①图中的每一个圆称为流图的结点，代表一条或多条语句。

②流图中的箭头称为边或连接，代表控制流。

下面通过实例说明基本路径测试法的求解步骤。

第 1 步：画出控制流图。

流程图用来描述程序控制结构。可将流程图映射到一个相应的流图（假设流程图的菱形决定框中不包含复合条件）。在流图中，每一个圆，称为流图的节点，代表一个或多个语句。一个处理方框序列和一个菱形决策框可被映射为一个节点，流图中的箭头，称为边或连接，代表控制流，类似于流程图中的箭头。一条边必须终止于一个节点，即使该节点并不代表任何语句（例如：if-else-then 结构）。由边和结点限定的范围称为区域。计算区域时应包括图外部的范围。

例如：用如下基本路径测试法进行测试。

```
void sort( int i, int j)
{                                                               1
    int x = 0;                                                  2
    int y = 0;                                                  3
    while ( i→0)                                                4
    {                                                           5
        if( 0 = = j)                                            6
            { x = y+2; break;}                                  7
        else                                                    8
        if( 1 = = j)                                            9
            x = y+10;                                           10
        else                                                    11
            x = y+20;                                           12
    }                                                           13
}                                                               14
```

画出其程序流程图[图 6.3(a)]和对应的控制流图如图 6.3(b)所示。

第 2 步：计算圈复杂度。

圈复杂度是一种为程序逻辑复杂性提供定量测度的软件度量，将该度量用于计算程序的基本的独立路径数目，为确保所有语句至少执行一次的测试数量的上界。独立路径必须包含一条在定义之前不曾用到的边。

有以下三种方法计算圈复杂度：

方法一：流图中区域的数量对应于环型的复杂性；

方法二：给定流图 G 的圈复杂度 V(G)，定义为 V(G)= E−N+2，E 是流图中边的数量，N 是流图中结点的数量；

方法三：给定流图 G 的圈复杂度 V(G)，定义为 V(G)= P+1，P 是流图 G 中判定节点

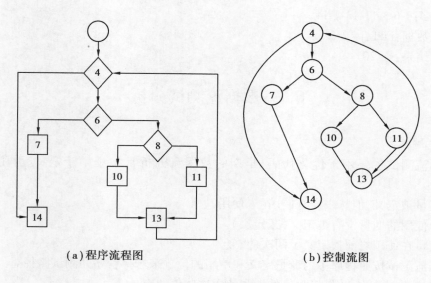

（a）程序流程图 　　　　　　　　　　　（b）控制流图

图6.3　程序流程图和控制流图

的数量。

第3步：导出测试用例。

根据上面的计算方法，可得出4个独立的路径。一条独立路径是指和其他的独立路径相比，至少引入一个新处理语句或一个新判断的程序通路。V(G)值正好等于该程序的独立路径的条数。

路径1：4-14

路径2：4-6-7-14

路径3：4-6-8-10-13-4-14

路径4：4-6-8-11-13-4-14

根据上面的独立路径，去设计输入数据，使程序分别执行到上面4条路径。

第4步：准备测试用例。

为了确保基本路径集中的每一条路径的执行，根据判断节点给出的条件，选择适当的数据以保证某一条路径可以被测试到，满足上面例子基本路径集的测试用例是：

路径1：4-14

输入数据：$i=0$，或者取$i<0$的某一个值

预期结果：$x=0$

路径2：4-6-7-14

输入数据：$i=1$，$j=0$

预期结果：$x=2$

路径3：4-6-8-10-13-4-14

输入数据：$i=1$，$j=1$

预期结果：$x=10$

路径4:4-6-8-11-13-4-14
输入数据:i=1,j=2
预期结果:x=20

6.5 数据流测试分析

1)基础定义

数据流测试主要用于优化代码,早期的数据流分析常常集中于定义/引用异常的缺陷。

①变量被定义,但从来没有使用(未使用)。

②所使用的变量没有被定义(未定义)。

③变量在使用之前被定义了两次(重复定义)。

数据流测试按照程序中的变量定义和使用的位置来选择程序的测试路径。

数据流测试关注:变量接收值的点和使用这些值的点。

一种简单的数据流测试策略:要求覆盖每个变量定义到变量使用路径一次。

定义1:定义节点

节点 $n \in G(P)$ 是变量 $v \in V$ 的定义节点,记做 $DEF(v,n)$,当且仅当变量的值由对应节点 n 的语句片断处定义。

定义节点语句:

①输入语句。

②赋值语句。

③循环语句和过程调用。

定义2:使用节点

节点 $n \in G(P)$ 是变量 $v \in V$ 的使用节点,记做 $USE(v,n)$,当且仅当变量 v 的值在对应节点 n 的语句片断处使用。

使用节点语句

①输出语句。

②赋值语句。

③条件语句。

④循环控制语句。

⑤过程调用。

定义3:谓词使用、计算使用

使用节点 $USE(v,n)$ 是一个谓词使用(记做 P-use),当且仅当语句 n 是谓词语句;否则,$USE(v,n)$ 是计算使用(记做 C-use)。

①对应于谓词使用的节点,其外度≥2。

②对应于计算使用的节点,其外度≤1。

定义4:定义—引用对

如果某个变量 v∈V 在语句 n 中被定义 DEF(v,n),在语句 m 中被引用 USE(v,m),那么就称语句 n 和 m 为变量 v 的一个定义—引用对,简称 du。

定义 5:定义—使用路径

定义-使用路径(记做 du-path):是 Path(P)中的路径,使得对某个 v∈V,存在定义和使用节点 DEF(v,m)和 USE(v,n),使得 m 和 n 是该路径的最初和最终节点。

定义 6:定义—清除路径

定义清除路径(记做 dc-path):是具有最初和最终节点 DEF(v,m)和 USE(v,n)的 Path(P)中的路径,使得该路径中没有其他节点是 v 的定义节点。

定义 7:定义—引用路径

如果定义—引用路径中存在一条定义—清除路径,那么定义—引用路径是可测试的,否则就不可测试。

2)产生测试用例

在实践中,除了前面给出的各种方法外,通常还可以采用以下 3 种方法来补充设计测试用例。

①通过非路径分析得到测试用例:这种方法得到的测试用例是在应用系统本身的实践中提供的,基本上是测试人员凭工作经验得到的,甚至是猜测得到的。

②寻找尚未测试过的路径并生成相应的测试用例:这种方法需要穷举被测程序的所有路径,并与前面已测试路径进行对比。

③通过指定特定路径并生成相应的测试用例。

3)最少测试用例数计算

对于某个具体的程序来说,至少需要设计多少个测试用例才能实现逻辑覆盖。这里提供一种估算最少测试用例数的方法。

结构化程序是由 3 种基本控制结构组成:顺序型(构成串行操作)、选择型(构成分支操作)和重复型(构成循环操作)。为了把问题化简,避免出现测试用例极多的组合爆炸,把构成循环操作的重复型结构用选择结构代替。这样,任一循环便改造成进入循环体或不进入循环体的分支操作了。用 N-S 图表示程序的 3 种基本控制结构如图 6.4 所示。

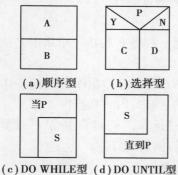

(a)顺序型 (b)选择型

(c)DO WHILE型 (d)DO UNTIL型

➢ 图中A、B、C、D、S均表示要执行的操作,P是可取真假值的谓词,Y表真值,N表假值。

➢ 这两种重复型结构代表了两种循环。在做了简化循环的假设以后,对于一般的程序控制流,只考虑选择型结构。事实上它已经能体现顺序型和重复型结构了。

图 6.4 用 N-S 图表示的 3 种基本控制结构

6.6　变异测试

变异测试技术是一种对测试集的充分性进行评估的技术,以创建更有效的测试集。变异测试与路径或者数据流测试不同,没有测试数据的选取规则。变异测试应该与传统的测试技术结合,而不是取代它们。

举个例子:在项目中进行单元测试,编写单元测试用例保证被测程序的正确性。通常使用覆盖度来作为单元测试的标准。

实例如下:

```
int foo( int x,int y)
{
    if　(x<y)
        return　x−y;
    else
        return x+y;
}
```

如上所示,被测试程序 foo(intx,int y)设计测试用例。

输入:x = 1, y = 0 输出:1

输入:x = −1, y = 0 输出:−1

测试用例满足了条件覆盖和分支覆盖的标准,可是设计的测试用例是否充分呢? 这里介绍变异测试技术来完善测试用例。

变异测试的基本思想:

给定一个程序 P 和一个测试数据集 T,通过变异算子为 P 产生一组变异体 Pn(P0、P1、…、Pn),对 P 和 Pn 都使用 T 进行测试运行,如果 Pi 在某个测试输入 t 上与 P 产生不同的结果,则该 Pi 被杀死;若 Pi 在所有的测试数据及上都与 P 产生相同的结果,则称其为活的变异体。接下来对活的变异体进行分析,检查其是否等价于 P;对于不等价与 P 的变异体 Pi 进行进一步的测试,直到充分性度量到满意的程度。

变异测试充分性评估过程:

第 1 步:程序执行。P(t)表示给定测试用例 t,程序 P 的执行结果由 P 中变量的输出值表示(也可能与 P 的性能有关)。

如果 P 已经采用测试 T 测试通过,测试结果已保存至数据库中,则这一步可以跳过。

不论何种情况,第一步的结果是对于 T 中的所有 t,P(t)数据库。

第 2 步:生成变异体。例如"+"运算变成"−"运算,"×"运算变成"/"运算等。系统的生成方法:通过变异算子生成。第 2 步的结果是:活的变异体。

第 3 步:选择下一个变异体。从 L 中任意选择。

第 4 步:选择下一个测试用例。是否存在测试 t 能够区分变异体与被测试程序 P,采用测试 T 中的测试用例执行变异体 M。结束:所有的测试用例执行完毕或者 M 被某个测试用例区别(杀掉)。

　　第5步:变异体执行和分类。变异体执行的结果是否与 P 的执行结果相同或不同。

　　第6步:活体变异。如果没有测试用例能够区分变异体与 P,则该变异体存活,并被放回活变异体集合 L 中。

　　第7步:等价变异体。如果对于程序 P 的输入域中的每一个输入,变异体 M 的执行结果等于 P 的执行结果,则认为 M 等价于 P。

　　第8步:变异数的计算。

　　量化评价指标:

　　①4＝1 代表相关于变异 T 是充分的。

　　②4<1 表示相关于变异 T 是不充分的。

　　③4 可以通过增加额外的测试用例提高变异数。

　　④T 的变异数记为 MS(T)。

　　⑤|D|表示:杀死的变异体数。

　　⑥|L|表示:表示活的变异体数。

　　⑦|E|表示:等价的变异体数。

　　⑧|M|表示:第 2 步生成的所有变异体数。

习　题

1.下面不属于白盒测试能保证的是(　　　)。

　　A.模块中所有独立途径至少测试一次

　　B.测试所以逻辑决策真和假两个方面

　　C.在所有循环的边界内部和边界上执行循环体

　　D.不正确或漏掉的功能

2.使用白盒测试方法时,确定测试数据应根据(　　　)和指定的覆盖标准。

　　A.程序的内部逻辑　　B.程序的复杂程度　　C.使用说明书　　　　D.程序的功能

3.软件测试中常用的静态分析方法是(　　　)和接口分析。

　　A.引用分析　　　　B.算法分析　　　　　C.可靠性分析　　　　D.效率分析

4.白盒方法中常用的方法是(　　　)方法。

　　A.路径测试　　　　　B.等价类　　　　　C.因果图　　　　　　D.归纳测试

5.白盒测试法一般使用于(　　　)测试。

　　A.单元　　　　　　　B.系统　　　　　　C.集成　　　　　　　D.确认

6.语句覆盖、判定覆盖、条件覆盖和路径覆盖都是白盒测试法设计测试用例的覆盖准则,在这些覆盖准则中最弱的准则是(　　　)。

　　A.语句覆盖　　　　B.条件覆盖　　　　　C.路径覆盖　　　　　D.判定覆盖

7.在下面所列举的逻辑测试覆盖中,测试覆盖程度最强的是(　　　)。

　　A.条件覆盖　　　　B.条件组合覆盖　　　C.语句覆盖　　　　　D.条件及判定覆盖

8.对下面的个人所得税程序中满足语句覆盖测试用例的是( )。

If(income < 800)　taxrate = 0;

else if(income <= 1500)　taxrate = 0.05;

else if(income < 2000)　taxrate = 0.08;

else taxrate = 0.1;

　　A.income =（800,1500,2000,2001）　　　　B.income =（800,801,1999,2000）

　　C.income =（799,1499,2000,2001）　　　　D.income =（799,1500,1999,2000）

第7章　系统测试技术

系统测试是指将通过集成测试的软件系统,作为计算机系统的一个重要组成部分,与计算机硬件、外设、某些支撑软件的系统等其他系统元素组合在一起所进行的测试,目的在于通过与系统的需求定义作比较,发现软件与系统定义不符合或矛盾的地方。

系统测试主要是检验软件的各种功能操作是否正常,并检验它的性能、强度、兼容性、使用性能、故障修复等一系列的质量指标。因此,系统测试通常是消耗测试资源最多的地方,一般可能会在一个相当长的时间段内,由独立的测试小组进行。系统测试完全采用黑盒测试技术,因为这时已不需要考虑组件模块的实现细节,其测试对象不仅仅包括需要测试的软件系统,还要包含软件所依赖的硬件、外设甚至包括某些数据、支持软件及其接口等。因此,必须将系统中的软件与各种依赖的资源结合起来,在系统实际运行环境下来进行测试。系统测试应该由若干个不同测试组成,目的是充分运行系统,验证系统各部件是否都能正常工作并完成所赋予的任务。

7.1　软件测试自动化

软件测试自动化是软件测试技术的一个重要的组成部分,能够完成许多手工无法完成或者难以实现的测试工作。正确、合理地实施自动化测试,能够快速、全面地对软件进行测试,从而提高软件质量,节省经费,缩短产品发布周期。

7.1.1　软件自动化测试的作用和优势

使用测试工具的目的就是要提高软件测试的效率和软件测试的质量。前面已经介绍过,最常见的软件测试分类是白盒测试与黑盒测试。一些研究报告指出,黑盒测试所找到的软件缺陷的数量与白盒测试找到的数量是差不多的,有些时候甚至比白盒测试所找到的问题还要严重。这是因为黑盒测试的方向是以测试的广度为主,所进行的测试范围与种类比白盒测试广,因为广度的关系,有时候所找到的问题及其影响范围也相对较大。进行白盒测试是确定程序代码的运行是否正确,而黑盒测试就类似一个把关的角色,白盒测试是前端作业,黑盒测试是后端验证。对软件测试来说,善于使用测试工具对软件测试可提供许多好处,但是,对于给定的需求,测试人员必须评估在项目中实施自动化测试是否合适。通常,自动化测试(与手工测试相对比)的好处有以下几点:

1)产生可靠的系统

测试工作的主要目标,一是找出缺陷,从而减少应用中的错误;另一个是确保系统的性能满足用户的期望。为了有效地支持这些目标,在开发生存周期的需求定义阶段,当开发和细化需求时则应着手测试工作。

使用自动化测试可改进所有的测试领域,包括测试程序开发、测试执行、测试结果分析、分析故障状况和报告生成。它还支持所有的测试阶段,其中包括单元测试、集成测试、系统测试、验收测试与回归测试等。

软件测试如果只使用人工测试的话,所找的软件缺陷在质与量上都是有限的。在开发生存周期的所有领域中,假定自动化测试工具和方法被正确地实施,并且遵循定义的测试过程,自动化测试有助于建立可靠的系统。通过使用自动化测试获得的效果可归纳如下:

(1)需求定义的改进

可靠且节省成本的软件测试开始于需求阶段,目标是建立高度可靠的系统。如果需求是明确的,并且始终如一地以可测试格式描述测试人员需要的信息,那么需求则被看作是具备测试的或可测试的。目前,许多工具有助于生成可测试的需求,如一些工具使用面向语法的编辑程序,诸如 Lotus 之类形式语言编写,一些其他工具,可建立图形化的需求模式。

(2)性能测试的改进

手工进行性能测试的方法是属于劳动密集型工作。例如,在对某产品进行手工性能测试时,需一名测试人员手工执行测试,另一名测试人员坐在一旁用秒表计时,这样的测试极易出错,并且不能确保自动重复。目前,已有许多性能测试工具,这些工具可使测试人员自动完成系统性能测试,给出计时数目与图形,并查明系统的瓶颈与阈值。测试工程师不必坐在旁边手握着秒表,而是启动测试脚本以便自动获取性能统计数据。这样,测试人员便可腾出手来干一些创造性的、富有智力挑战性的测试工作。

过去,需要许多不同型号的计算机以及各类人员一遍又一遍地执行大量的测试,以产生统计上有效的性能数值。新的自动性能测试工具可使测试人员利用文件或表格上读出数据的程序,或使用工具生成数据的程序,不管信息包含 1 行数据还是 100 行数据。

新一代测试工具可使测试人员无人值守地运行性能测试,因为他们可使测试执行时间预先设置,而后脚本自动开始,无需任何人工干预。许多自动性能测试工具可允许虚拟用户测试,在虚拟用户测试时,测试人员可仿真几十个、几百个或几千个执行各种测试脚本的用户。在性能测试中,可使用负载来预测性能,并使用经过控制与测量的负荷来测量响应时间,性能测试结果分析将有助于支持软件性能的调整。

(3)负载/压力测试的改进

支持性能测试的测试工具也支持压力测试。两种测试的差别仅在于如何执行测试。压力测试是使客户机在大容量情况下运行的过程,以查看应用将在何时、何处中断。在压力测试时,系统经受最大和最小的负载,以查明系统是否中断以及在何处中断,并确定哪部分首先中断,以识别系统的薄弱环节。系统需求应定义这些阈值,并描述系统对过载的反应。压力测试有助于在系统最大负载时操作该系统,以验证它是否工作正常。

完全使用手工方法对应用进行充分的压力测试是一项耗资大、困难多、不准确且耗时长的工作。需要大量用户和工作站参与测试过程,并且各种资源之间的结合不一定和谐。

采用自动化测试后、压力测试不再需要 10 个以上的测试人员来完成。压力测试自动化对各方都有好处。例如,某一大型项目有 20 名测试人员,在一个星期测试的最后日子,要求 20 名测试人员星期六全体加班,以进行压力测试工作。这样每一个测试人员都能够以很高的速度对系统进行操作,这将给系统造成一定的压力,每一个测试人员都在同一时间内执行系统的最复杂的功能。而采用自动压力测试工具,当进行压力测试时,测试人员可以向工具发出何时执行压力测试、运行哪个测试以及模拟多少个用户这样的指令,所有这一切无需用户干预。这样,测试人员不需要额外的资源,自动化测试工具通过在有限数量的客户机和工作站上仿真许多用户与系统的交互作用,为压力测试提供了另一种高效的选择方案。

许多自动化测试工具包括负载仿真器,该仿真器可使测试人员同时模拟几百个或几千个使用目标应用程序的虚拟用户。测试脚本的运行可以无人照管。绝大多数工具产生一个测试日志输出,该输出列出测试结果。

(4)高质量测量与测试最佳化

自动化测试将产生高质量度量并实现测试最佳化。的确,自动化测试过程本身是可测量和可重复的。手工测试时,第 2 次测试期间,其操作的步骤不可能完全重复第 1 次测试操作的步骤。因此,手工测试很难产生任何类型一致的质量测量。而采用自动化测试技术,测试过程则是可重复且可测量的。测试人员对测量的质量分析,支持了测试工作最佳化,但只是在测试可重复情况下才能做到。如前所述,自动化可实现测试的可重复性。例如,在手工执行测试时,测试人员发现了某种错误的情况下,测试人员要力图重新建立测试,但有时难以获得成功。采用自动化测试,脚本可被回放,并且测试将是可重复且可测量的。另外,自动化测试可产生许多度量(通常生成测试日志)。

(5)改进系统开发生存周期

自动化测试可支持系统开发生存周期的每个阶段。目前推出的若干自动化测试工具已支持开发生存周期的每一阶段,例如,在需求定义阶段有一些工具,这些工具可帮助生成具备测试条件的需求,以便减少测试工作量和测试成本。同样,支持设计阶段的工具,如建模工具,可记录测试用例内的需求。测试用例代表用户实施系统级的各种组合的操作,这些测试用例具有确定的起点、确定的用户(可能是人员或外部系统)、一组不连续的步骤以及确定的出口标准。

编程阶段也需要测试工具,如代码检查、度量报告、代码插桩、基于产品的测试程序生成器。如果需求定义、软件设计和测试程序已经进行了适当的准备,那么,应用程序开发将会更高效地进行。在这些条件下,测试执行必定会更顺利。这些众多不同的测试工具,以一种方式或其他方式服务于整个系统开发生存周期,利于产生可靠系统。

(6)增加软件信任度

由于测试是自动执行的,所以不存在执行过程中的疏忽和错误,完全取决于测试的设计质量。一旦软件设置了强有力的自动测试后,软件的信任度自然会增加。

2)改进测试工作质量

通过使用自动化测试工具,可增加测试的深度与广度,改进测试工作质量。其具体好处可归纳如下：

（1）改进多平台兼容性测试

使用自动化测试可以使得脚本重用，以支持从一个平台（硬件配置）到另一个平台的测试。计算机硬件、网络版本以及操作系统的变更可能给现有配置造成意外的兼容问题。在向大批用户展示产品的某个新应用之前，执行自动化测试可提供种简捷的方法，确保这些变更不会对当前的应用程序与操作环境造成不利的影响。

（2）改进软件兼容性测试

推动多平台兼容性测试的原理，同样适用于软件配置测试。软件变更（如升级或新版本的施行）可给现有软件带来意外的兼容性问题。执行自动化测试脚本可提供一种简捷的方法，确保这些软件变更不会对当前的应用与操作环境造成不利影响。

（3）改进普通测试执行

自动化测试工具将消除重复测试的单调乏味。进行普通重复性测试时，测试人员可能厌烦一遍又一遍地测试同样单调的步骤。例如，一位测试人员负责完成 2000 年问题测试，他的测试脚本把几百个日期放在 50 个屏幕上，有各种循环日期以及一些必须重复执行的内容。唯一的不同是，在某一个循环内，他加上包含该日期的数据，在另一个循环内，他删除该数据；在其他循环内，他进行更新操作。此外，系统日期被重新设定以适应高风险的 2000 年日期问题。同样的步骤重复了一遍又一遍，当执行这些普通重复性测试时很快就疲惫了。如果在该测试人员的测试中实现了自动化，因为测试脚本不会在意是否必须一遍一遍地执行相同的单调步骤，并且能自动确认结果，测试工作就变得简单多了。

（4）更好地利用资源

将烦琐的任务自动化，可以提高准确性和测试人员的积极性，将测试技术人员解脱出来以投入更多精力设计更好的测试用例。有些测试不适合进行自动测试，仅适合于手工测试，将可自动测试的测试工作自动化后，可以让测试人员专注于手工测试部分，提高手工测试的效率。自动化测试为在可允许的进度内更快速完成复杂测试提供了机会。也就是说，测试的自动建立使一些测试很快完成，同时也释放了测试资源，使测试人员将其创造力和工作转向更加复杂的问题与事务。

（5）执行手工测试无法完成的测试

软件系统与产品变得越来越复杂，有时手工测试不能支持全部所需的测试。目前许多类型的测试分析人工无法完成，例如，判定覆盖分析或复杂度度量收集。判定覆盖分析验证程序上的每一输入点和出口至少已经调用过一次，并且验证程序上的每一判定已经在所有可能的出口上被经过至少一次。复杂度是通过源代码对可能的路径分析得出的，它已成了 IEEE 可靠软件测量标准的一部分。对于任何大型应用，将需要花费很多时间来计算代码的复杂度。对于大量用户的测试，不可能同时让足够多的测试人员同时进行测试，但是却可以通过自动化测试模拟同时有许多用户，从而达到测试的目的。此外，使用手工测试方法几乎不可能进行内存泄漏测试。

（6）重现软件缺陷的能力

测试人员在进行手工测试期间发现的缺陷，有多少能够原封不动地重现？自动化测试则解决了这种问题。采用自动化测试工具,建立测试所采取的步骤被记录和存储在测试脚本中,脚本将回放早先执行的完全相同的顺序。为了进一步简化内容,测试人员可能把故障告诉相应的开发人员,开发人员可修改回放脚本的选项,以便直接产生软件错误的事件顺序。

3)提高测试工作效率

善于使用测试工具来进行测试,其节省时间并加快测试工作进度的特点是毋庸置疑的,这也是自动化测试的主要优点。在前面的章节中,曾经介绍过回归测试的重要性,这样的测试所耗费的时间是相当惊人的。要进行类似的软件测试,就必须借助软件测试工具来缩减测试过程,例如,使用 GUI 的自动化测试软件来进行回归测试,就是一个很好的方式。有时使用自动化测试工具,测试人员并不可能马上就体会到测试工作量即刻或大量地减少,甚至以某些方式使用自动化测试工具,最初人们甚至会看到测试工作量增多的现象,这是因为需要完成一些任务建立。尽管测试工作量一开始可能增多,但在自动化测试工具实施的第一次重复之后,测试工具的投资回报将显现出来,因为测试人员的生产率提高了。

研究表明,使用自动化测试的总测试工作的人与小时数值的比值,仅为使用手工方法的 25%。测试工作量的减少对测试施行期间的项目进度的加快可能影响最大。这一阶段的活动一般有测试执行、测试结果分析、缺陷纠正以及测试报告。表 7.1 列出了采用手工和自动化测试方式完成各测试步骤所需工作量的基准对比结果。该测试涉及 1 750 个测试程序和 700 个错误。表中的数字反映出通过测试自动化,测试工作总量减少 75%。

表 7.1　手工测试与自动化测试对比

测试步骤	手工测试/h	自动化测试/h	改进百分率(使用工具)
测试计划制订	32	40	25%
测试程序开发	262	117	55%
测试执行	466	23	95%
测试结果分析	117	58	50%
错误状态/纠正监视	117	23	80%
报告生成	96	16	83%
总持续时间	1 090	277	75%

(1)测试计划制订——测试工作量增多

在做出引入自动化测试工具的决定之前,必须考虑测试过程的方方面面。应该进行计划中的被测应用需求的评审,以确定被测的应用是否与测试工具兼容。需要确认支持自动化测试的抽样数据的可用性,应该略述所需数据的类别与变量,制订获取或开发样本数据的计划。关于要重用的脚本,必须定义和遵循测试设计与开发标准。必须考虑模块化与测试脚本的重用。因此,自动化测试本身也需要开发工作,也具有自己的小型开发生存周期,这样将使测试计划工作量有所增加。

(2)测试程序开发——测试工作量减少

测试程序的开发是一个缓慢、耗资且劳动密集的过程。当软件需求或软件模块改变时,测试人员常常不得不重新开发现有的测试程序,并从头开始生成新的测试程序。然而,自动化测试工具允许使用图标单击选择和执行特定的测试程序。使用自动化测试相对于手工测试方法,测试过程生成与修订时间大大缩短,一些测试程序生成与修订工作只需几秒钟的时间。使用测试数据生成工具,促进了测试工作量的减轻。

(3)测试执行——测试工作量减少/进度加快

测试执行的手工实现是劳动密集型的、易出错的。测试工具可允许测试脚本在执行期间回放,人工干预最小。如果进行适当的设置,测试人员可简单地启动脚本,并由工具自动执行测试,无人照管。必要时测试可进行多次,并且可在规定的时间开始,甚至通宵运行。这种无人照管的回放能力可使测试人员集中于另外的优先级工作。

(4)对程序的回归测试——更方便/进度加快

这可能是自动化测试最主要的任务,特别是在程序修改比较频繁时,效果是非常明显的。由于回归测试的动作和用例是完全设计好的,测试期望的结果也是完全可以预料的,将回归测试自动运行,可以极大提高测试效率,缩短回归测试时间。由于测试是自动执行的,每次测试的结果和执行的内容的一致性是可以得到保障的,从而达到测试的可重复的效果。

(5)测试结果分析——测试工作量减少/进度加快

自动化测试工具一般包括一些种类的测试结果报告日志,并能维护测试记录信息。某些工具产生颜色输出结果,例如,绿色输出表示测试合格,红色输出表示测试不合格等,绝大多数工具可判别测试合格或不合格。这种测试记录输出提高了测试分析的简便性。绝大多数工具还可允许故障数据与原始数据的对照,自动指出两者的差别,也提供了测试输出分析的简便性。

(6)错误状态/纠正监视——测试工作量减少/进度加快

目前,一些自动化测试工具可允许在测试脚本发现故障后对故障自动记录,只需很少的人工干预。以这种方式记录下的信息可能包括产生缺陷/错误的脚本的标识、正在运行的测试周期标识、缺陷/错误描述,以及出现错误的日期时间。例如,工具 Test Studio。通过简单的选择生成一个错误选项,只要脚本检测出有错误便生成错误报告,而后便可自动且动态地将缺陷连接到测试需求上,从而简化了度量收集。

(7)报告生成——测试工作量减少/进度加快

许多自动化测试工具具有内置的报告编写程序,这可使用户生成和定制具体报告。甚至那些没有内部报告编写程序的测试工具,也可允许相关数据以所需的格式输入或输出,将测试工具输出数据与支持报告生成的数据库集成便成了一件简单的工作。

软件自动化测试是软件测试技术的一个重要的组成部分,引入自动化测试可以提高软件质量,节省经费,缩短产品发布周期。自动化测试可以进行基于功能、路径、数据流或控制流的覆盖测试,许多工作是手工测试所无法完成的。测试自动化如果实施正确的话,可以缩小测试工作规模、加快测试进度、生产出可靠的产品以及增强测试过程质量。

7.1.2　软件自动化测试的实施过程

为了实现软件测试自动化,首先要具备套自动化测试的工具软件。但是,并不是有了这个工具软件就能把测试自动化做好。为了做好自动化测试,需要经历计划、实施及不断完善这样一个过程。在这个过程中要做以下一些工作:

1)熟悉、分析测试用例

如果之前没有对测试用例进行手工测试,那么应按各用例的描写来执行手工测试,至少全部实现一遍,直到对这些用例的每一步及其判断准则都有了深入的了解。只有这样,在编写自动化测试程序时,才可以正确模拟手测的整个过程,编写起来也得心应手。

2)把已有的测试用例归类,写成比较简单的测试自动化计划书

可以按照软件的功能来分,如用户登记、查询等。除此之外,还可以按照网页(网络软件类)来划分。有了自动化测试的计划书,在具体做这项工作时,就可以按计划系统地进行。

3)开始自动化测试程序的编写

由于测试自动化计划书中已经将测试用例分类,可以让测试人员负责不同的部分,平衡作业,这样可以节省时间。

在测试工作中,一般都会用测试工具记录的功能,来按测试用例的步骤走一遍,然后再在由此产生的"记录"上进行编辑。由于各个自动测试工具有各自的特点。因此,各自记录产生的结果都会不同,所以也很难一概而论来描述哪些地方需要进行改动,否则重复执行的时候会出现问题。因此这个问题需要在实践中去探索,找出结论。但是,所有的自动测试工具所生成的"记录",都要按测试用例的不同需要进行编辑,这一点是肯定的。一般情况下,要加入说明(各步骤的目的)、各变量的赋值与定性、各种循环结构语句、出错的判断语句及出错报告语句等。在编辑完毕后,还要对这个自测程序进行调试。

4)尽量用"数据驱动"来将测试覆盖率提高

通常,光是测试用户新建档案这一功能就有几十种不同的数据组合需要用于测试。采用手工测试要花很长时间,如果任务很紧,那会是一件很头痛的事。做测试跟编程一样,经常需要赶时间,如果时间太紧迫,那么只能执行其中一部分,这样测试覆盖率就大打折扣了。但是,如果将所有的不同数据组合都放到一个编辑文件里(如记事本),各数据间用固定的符号或空格分开,每一组合占一行,这样就可以在原来编好的测试用户新建档案的自测程序里加入数据驱动部分,让其在执行时将存有数据组合的文件里的数据一行一行地读进,从而完成所有的组合测试。而测试人员可以在一边观察,或去做其他的事情,只要等到测试结束后检查测试报告就可以,这是非常方便的。

5)将测试用例写成自动化测试程序

在建立了自动化测试的框架以后,所要做的就是不断地输送新的自动化测试程序,直

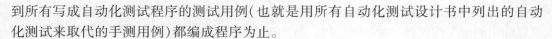

到所有写成自动化测试程序的测试用例(也就是用所有自动化测试设计书中列出的自动化测试来取代的手测用例)都编成程序为止。

6)不断地完善自动化测试系统

每当接到用户或是其他人报告发现软件缺陷时,测试人员应马上按报告描述的情况手测一次,看是否能重现报告的问题。当该缺陷被纠正后,应将这次手测自动化,用于日后的重复测试。这一类自动化测试的效率是很高的,因为在实际工作中,发现的缺陷虽被纠正,但常会由于各种原因而又重新出现在软件中。最常见的原因之一就是软件编程人员在新版本中,忘记将已纠正的部分代替出错的部分放进将要编译的程序库中。

不断增加新的测试程序或对已有的测试程序进行修改,测试中的软件通常会有遇到新增加一些功能的情况。这时,就要增加测试用例,并针对这些新增加的功能编写自动化测试程序。

同样,测试中的软件通常会因各种原因而做出一些修改,如功能方面的修改或网页排版上的修改等。在这种情况下,测试人员就要按照开发人员提供的情况,对相关的测试程序进行修改。测试自动化是一项庞大的工程,因此在真正动手之前,必须尝试把所有的因素及可能性研究一遍,然后制订方案。这一步是绝对不可以忽略的,因为此方案一旦确定,日后的工作就要按规定去做。如果漏掉了一些重要的因素,以后才发现,那么对其改正就要付出代价,浪费许多时间和人力。因此,在制订方案时要反复推敲,尽可能把现有的、将来的因素都考虑在内。

7.2　兼容性测试

软件兼容性测试是指检查软件之间能否正确地进行交互和共享信息。随着用户对来自各种类型软件之间共享数据能力和充分利用空间同时执行多个程序能力的要求,测试软件之间能否协作变得越来越重要。软件兼容性测试工作的目标是保证软件按照用户期望的方式进行交互。

兼容性通常有4种:向前兼容与向后兼容、不同版本间的兼容、标准和规范、数据共享兼容。

1)向前兼容和向后兼容

向前兼容是指可以使用软件未来的版本,向后兼容是指可以使用软件以前的版本。并非所有的软件都要求向前兼容和向后兼容,这是软件设计者需要决定的产品特性。

2)不同版本之间的兼容

不同版本之间的兼容指要实现测试平台和应用软件多个版本之间能够正常工作。如要测试一个流行的操作系统的新版本,当前操作系统上可能有数十或上百万条程序,则新操作系统的目标是与它们百分之百兼容。因为不可能在一个操作系统上测试所有的软件程序,因此需要决定哪些程序是最重要的、必须测试的。对于测试新应用软件也一样,需要决定在哪个版本平台上测试,以及与什么应用程序一起测试。

3）标准和规范

适用于软件平台的标准和规范有两个级别：高级标准和低级标准。

①高级标准是产品应当普遍遵守的。若应用程序声明与某个平台兼容，就必须接受关于该平台的标准和规范。

②低级标准是对产品开发细节的描述，从某种意义上说，低级标准比高级标准更加重要。

4）数据共享兼容

数据共享兼容是指要在应用程序之间共享数据，要求支持并遵守公开的标准，允许用户与其他软件无障碍地传输数据。

软件的兼容性是衡量软件好坏的一个重要指标，在具体测试中可以从以下几个方面来判断：

（1）操作系统兼容性

软件可以运行在哪些操作系统平台上，理想的软件应该具有与平台无关性。有些软件在不同的操作系统平台上重新编译即可运行，有些软件需要重新开发或是改动较大，才能在不同的操作系统平台上运行，对于两层体系和多层体系结构的软件，还要考虑前端和后端操作系统的可选择性。

（2）异构数据库兼容性

很多软件尤其是 MIS（管理信息系统）、ERP、CRM 等软件都需要数据库系统的支持，对这类软件要考虑其对不同数据库平台的支持能力，软件是否可直接挂接，或需提供相关的转换工具。

（3）新旧数据转换

软件是否提供新旧数据转换的功能。当软件升级后可能定义了新的数据格式或文件格式，涉及对原来格式的支持及更新，原来用户的记录要能继承，在新的格式下依然可用，这里还要考虑转换过程中数据的完整性与正确性。

（4）异种数据兼容性

软件是否提供对其他常用数据格式的支持，支持的程度如何，即可否完全正确地读出这些格式的文件。

（5）应用软件兼容性

主要考察两项内容：一是软件运行需要哪些其他应用软件的支持；二是判断与其他常用软件一起使用，是否造成其他软件运行错误或软件本身不能正确实现功能。

（6）硬件兼容性

硬件兼容性考察软件对运行的硬件环境有无特殊说明，如对计算机的型号、网卡的型号、声卡的型号、显卡的型号等有无特别声明，有些软件可能在不同的硬件环境中，出现不同的运行结果或是根本就不能执行。

对于不同类型的软件，在兼容性方面还有更多的评测指标，并且依据实际情况侧重点也有所不同。总体说来兼容性测试首先确定环境(软硬件环境和同时安装的其他软件等),然后根据选定环境制订测试方案,最后进行测试。

7.3　Web 测试

随着互联网技术的快速发展,Web 应用越来越广泛,现在各种应用的架构都以 B/S及 Web 应用为主,Web 应用程序已经和我们的生活息息相关,小到博客空间,大到各种大型网站,都给我们生活、工作带来了便利。Web 测试是软件测试的一部分,是针对 Web 应用的一类测试。由于 Web 应用与用户直接相关,又通常需要承受长时间的大量操作,因此 Web 项目的功能和性能都必须经过可靠的验证。通过测试可以尽可能地多发现浏览器端和服务器端程序中的错误并及时加以修正,以保证应用的质量。由于 Web 具有分布、异构、并发和平台无关的特性,因而它的测试要比普通程序复杂得多。

7.3.1　Web 测试概述

Web 全称为 World Wide Web(又称万维网、WWW 或者 3W)。Web 是 Internet 提供的一种服务,Web 是由遍及全球的信息资源组成的系统,这些信息资源包含的内容可以是文本、表格、图像、音频、视频等。Web 是一种超文本信息系统,它是分布式的、具有新闻性、动态性、交互性等特点。

Web 的工作基于客户机/服务器计算模型,由 Web 浏览器(客户机)和 Web 服务器(服务器)构成,采用 Internet 网络协议的体系结构,是一种基于 Internet 的超文本信息系统,它涉及 Web 的许多技术,包括客户端技术和服务端技术。

Web 浏览器(客户机)和 Web 服务器(服务器)两者之间采用超文本传送协议(HTTP)进行通信。HTTP 协议是基于 TCP/IP 之上的协议,是 Web 浏览器和 Web 服务器之间的应用层协议,是通用的、无状态的、面向对象的协议。HTTP 协议的作用原理包括 4个步骤:连接,请求,应答,关闭连接。

第 1 步:连接。

连接:Web 浏览器与 Web 服务器建立连接,打开一个称为 socket(套接字)的虚拟文件,此文件的建立标志着连接建立成功。

第 2 步:请求。

请求:Web 浏览器通过 socket 向 Web 服务器提交请求。HTTP 的请求一般是 GET 或POST 命令(POST 用于 FORM 参数的传递)。

第 3 步:应答。

应答:Web 浏览器提交请求后,通过 HTTP 协议传送给 Web 服务器。Web 服务器接到后,进行事务处理,处理结果又通过 HTP 传回给 Web 浏览器,从而在 Web 浏览器上显示出所请求的页面。

第 4 步:关闭连接。

关闭连接:当应答结束后,Web 浏览器与 Web 服务器必须断开,以保证其他 Web 浏览器能够与 Web 服务器建立连接。

由于 Web 应用越来越广泛,现在的 Web 应用系统必须能够安全及时地服务大量的客户端用户,又能够长时间安全稳定地运行,因此,Web 应用软件的正确性、有效性和对 Web 服务器等方面都提出了越来越高的性能要求,Web 项目的功能和性能都必须经过可靠的验证,这就要求对 Web 项目的全面测试。Web 应用程序测试流程与其他任何一种类型的应用程序测试相比没有太大差别,一般为:项目需求设计文档→明确测试任务→制订测试计划→设计测试用例→执行测试→提交缺陷报告→编制测试报告→测试评审。与一般软件测试一样,在 Web 应用程序测试过程中,测试人员应准确描述发现的问题,并具体阐明是在何种情况下测试发现的问题,包括测试的环境、输入的数据、发现问题的类型、问题的严重程度等情况。然后,测试人员协同开发人员一起去分析 Bug 产生的原因,找出软件的缺陷所在。最后,测试人员根据解决的情况进行分类汇总,以便日后进行 Web 应用程序设计的时候提供参考,避免以后出现类似软件缺陷。但是,一般的 Web 测试和以往的应用程序的测试的侧重点不完全相同,它不但需要检查和验证是否按照设计的要求运行,而且还要测试系统在不同用户的浏览器端的显示是否合适。重要的是,还要从最终用户的角度进行安全性和可用性测试。然而,Internet 和 Web 媒体的不可预见性使得基于 Web 系统测试变得困难。

Web 应用测试基本包括以下几个方面:性能测试、功能测试、界面测试、安全测试等。

7.3.2　Web 应用的性能测试

性能测试的规划与设计决定着整个 Web 应用系统性能测试工作的开展,与软件开发流程中需求分析与架构设计一样重要。因此,在项目立项阶段就应该开始分析系统性能需求,进而确定性能测试策略与目标以及将要投入的资源等。

1)性能测试需求分析

通过和项目联系人进行沟通,以及一些项目文档来确定性能测试范围、性能测试策略等,与一般测试的需求分析没有太大区别。

(1)需求信息的来源

①软件开发的相关文档如项目开发计划书、需求规格说明书、设计说明书、测试计划等文档;

②与性能测试需求相关的项目人员(包括:客户代表、项目经理、需求分析员、架构设计师、产品经理、销售经理等)沟通,采集相关的测试信息。

(2)确定性能测试的测试目标

需要对测试目标进行分析,同时需要考虑可以利用的人力资源与时间资源。

(3)确定性能测试范围

由于全面性能测试需要投入很高的成本,所以在具体的项目中通常不会执行真正意义上的全面性能测试,而是通过对测试项或测试需求进行打分,根据综合评分确定性能测试工作包含哪些测试内容。评分要素包含客户关注度、性能风险、测试的成本等,通常会把客户关注度高和性能风险较高的测试需求划分到测试范围内。

(4)目标系统的业务分析

深入了解系统,确定系统的核心业务与一般业务,进而对系统进行分析。

用户及场景分析:通常,Web 应用系统的性能测试需求有如下两种描述方法:

①基于在线用户的性能测试需求。

该方法主要基于 Web 应用系统的在线用户和响应时间来度量系统性能。当 Web 应用系统在上线后,其所支持的在线用户数以及操作习惯(包括操作和请求之间的延迟)很容易获得,如企业的内部应用系统,通常采用基于在线用户的方式来描述性能测试需求。以提供网上购物的 Web 应用系统为例,基于在线用户的性能测试需求可描述为:10 个在线用户按正常操作速度访问网上购物系统的下订单功能,下订单交易的成功率是 100%。而且 90% 的下订单请求响应时间不大于 8 s;当 90% 的请求响应时间不大于用户的最大容忍时间 20 s 时,系统能支持 50 个在线用户。

②基于吞吐量的性能测试需求。

该方法主要基于 Web 应用系统的吞吐量和响应时间来度量系统性能。当 Web 应用在上线后所支持的在线用户无法确定时,如基于 Internet 的网上购物系统,可通过每天下订单的业务量直接计算其吞吐量,从而采取基于吞吐量的方式来描述性能测试需求。以网上购物系统为例,基于吞吐量的性能测试需求可描述为:网上购物系统在每分钟内需处理 10 笔下订单操作,交易成功率为 100%,而且 90% 的请求响应时间不大于 8 s。

2)性能测试整体规划

性能测试规划的重点是时间、质量、成本等项目管理要素,主要是面向成本的规划,包括对测试环境、测试工具、人力资源等进行规划。

(1)测试环境规划

包含网络环境设计、操作系统环境规划、数据库环境规划、Web 服务器环境规划及硬件资源环境设计规划。

(2)测试工具规划

性能测试工具较多(如:LoadRunner、Rational Performance、QALOAD、WebLoad 等),测试工具的选择主要从工具特性、工具核心功能及购买价格三个方面来考虑,选出能够完成任务且价格相对合适的测试工具。在有些项目中,测试工具未必能够适用,这时需要测试团队根据测试需求来开发专用性能测试程序,由于自己开发的成本投入较大,所以应该进行全面的分析后再决定是否自己开发性能测试程序。

(3)人力资源规划

主要是指对性能测试团队的规划。包含确定团队角色与落实人员等工作。

3)性能测试计划制订

性能测试计划的制订以性能测试需求分析和整体规划为基础,所以制订测试计划是

一项相对简单的工作。性能测试计划通常包含以下内容:

①明确性能测试策略和测试范围,既要明确测试的具体内容,还要明确这些内容在什么阶段进行测试。

②通过性能测试需求分析确定性能测试目标、方法、环境、工具,有利于测试工具的采购与测试人员的学习、培训。

③确定性能测试团队成员及其职责,可以给一个成员安排多种角色,使团队中各个成员充分发挥自己的能力,节约测试成本。

④确定时间进度安排:时间进度安排和人员的角色与职责相关。

⑤确定性能测试执行标准:所有的项目计划都应该有启动、终止、结束标准,性能测试计划也不例外。

⑥测试技能培训:主要指系统使用各测试工具技能的培训,对于一些后期介入的性能测试工作,应该在计划中明确什么时间对测试人员进行系统使用培训,而测试工具的使用培训主要指对刚刚购买的新工具进行使用方面的培训,有关这方面的安排应该在测试计划中明确。

⑦确定性能测试中的风险:性能测试过程中包含很多不确定因素,是风险很大的一项测试工作。在制定性能测试计划时,要认真分析项目中的风险以及防范措施,以保证测试工作的顺利进行。性能测试项目的最后阶段还需向相关人员提交性能测试报告,汇报性能测试结果。

7.3.3　Web 应用的功能测试

功能测试主要用来测试 Web 应用软件是否履行了预期的功能,包括链接测试、表单测试、设计语言测试、数据库测试、Cookies 测试和相关功能检查等。

1)链接测试

链接测试可以分为 3 个方面:首先测试所有链接是否按指示的那样确实链接到了该链接的页面;其次,测试链接到的页面是否存在;最后,保证 Web 应用系统上没有孤立的页面,所谓孤立页面是没链接指向该页面,只有知道正确的 URL 地址才能访问。链接测试可以自动进行,现在已经有许多工具可以采用。链接测试必须在整个 Web 应用系统的所有页面开发完成之后进行链接测试。

2)表单测试

表单:可以收集用户的信息和反馈意见,是网站管理者与浏览者之间沟通的桥梁。表单包括两个部分:一部分是 HTML 源代码,用于描述表单(例如,域、标签和用户在页面上看见的按钮);另一部分是脚本或应用程序用于处理提交的信息(如 CGI 脚本)。不使用处理脚本就不能搜集表单数据。

当用户通过表单提交信息的时候,都希望表单能正常工作。因此需要对表单所包含的文本框、复选框等等控件都能正常工作,如果表单用于在线注册,就要确保提交按钮能正常工作,当用户使用表单进行注册、登录、信息提交等操作时,必须测试提交操作的完整

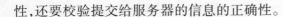

性,还要校验提交给服务器的信息的正确性。

3)Cookies 测试

Cookies 通常用来存储用户信息和用户在某 Web 应用系统的操作,当一个用户使用 Cookies 访问了某一个应用系统时,Web 服务器将发送关于用户的信息,把该信息以 Cookies 的形式存储在客户端计算机上,这可用来创建动态和自定义页面或者存储登录等 信息。如果 Web 应用系统使用了 Cookies,就必须检查 Cookies 是否能正常工作。测试的 内容可包括 Cookies 是否起作用,是否按预定的时间进行保存,刷新对 Cookies 有什么影 响等。

4)设计语言测试

主要根据用户使用的不同的 HTML 版本,除此之外还有不同的脚本语言。

5)数据库测试

在使用了数据库的 Web 应用系统中,一般情况下, 可能发生两种错误,分别是数据一 致性错误和输出错误。数据一致性错误主要是由于用户提交的表单信息不正确而造成 的,而输出错误主要是由于网络速度或程序设计问题等引起的,针对这两种情况,可分别 进行测试。

6)相关功能检查与测试

Web 功能测试要对产品的各功能进行验证,逐项测试,检查产品是否达到用户要求的 功能。因此 Web 功能测试还包括相关功能检查,主要包括:数据记录的增删是否正常;列 表中有依赖项的数据是否正常;按钮跳转功能正确;字符和字符串的长度和类型检测;标 点符号、特殊字符是否正确处理;中文汉字是否正常;信息是否有重复;增删功能是否完 好;重复提交表单;检查多次返回键情况;上传下载文件检查;必填项检查;快捷键、Enter 键检查;刷新、回退检查;密码检查;用户权限检查;系统数据检查;系统可恢复性检查;确 认提示检查;数据注入检查;时间检查以及多浏览器验证。

7.3.4 Web 应用的界面测试

每个 Web 系统的页面组成部分基本相同,一般都包含 html 文件、JavaScript 文件、层 叠样式表、图片等文件,而影响系统页面性能的正是这些文件或页面元素的编写不恰当、 属性设置不正确、或使用方法有误造成的。因此,系统页面性能测试的内容与系统后台并 发压力测试不一样,页面性能测试不是在多用户并发情况下去发现并定位系统的性能瓶 颈,而是检查页面各文件或元素是否以最优的方式编写。

1)Web 界面测试的目标

①Web 界面的实现与设计需求、设计图保持一致,或者符合可接受标准。
②使用恰当的控件,各个控件及其属性符合标准。
③通过浏览测试对象可正确反映业务的功能和需求。

④如果有不同浏览器兼容性的需求,则需要满足在不同内核浏览器中实现效果相同的目标。

2)界面测试主要元素

界面测试的主要元素包括界面元素的容错性列表;页面元素清单;页面元素的容错性是否存在或正确;页面元素基本功能是否实现;页面元素的外形、摆放位置;页面元素是否显示正确。

3)Web 界面测试内容

针对 Web 应用的界面测试,可以从以下方面进行用户界面测试:

(1)整体界面测试

测试整个页面结构是否有问题,是否有舒适感及实用性。

(2)控件测试

测试 Web 界面上用以实现各种功能或者操作的控件,比如常见的按钮、单选框、复选框、下拉列表框等是否达到使用要求。

(3)多媒体测试

包括对页面中的各种图片、GIF 动画、Flash、Silverlight 等进行测试,看看这些对象现实的外观是否正确,如果是控件类,那么功能是否实现。

(4)导航测试

主要测试站点地图和导航条位置是否合理,是否可以导航,其内容布局是否合理。

(5)内容测试

主要检验 Web 应用系统提供信息的正确性、准确性和相关性,包括页面文字段落格式、导航、页面结构、是否有拼写错误、连接是否正确等。

(6)容器测试

DIV 和表格在页面布局上的基本作用都是作为一种容器。其中,表格测试分为两个方面,一方面是作为控件,需要检测其是否设置正确,每一栏的宽度是否足够宽,表格里的文字是否都有折行,是否有因为某一格的内容太多,而将整行的内容拉长等。另一方面,表格作为较早的网页布局方式,目前依然有很多的 Web 网页使用该方式实现网页设计,此时则需要考虑浏览器窗口尺寸变化、Web 页内容动态增加或者删除对 Web 界面的影响。

DIV+CSS(Web 设计标准,一种网页布局方法)测试则需要界面符合 W3C 的 Web 标准,W3C 提供了 CSS 验证服务,可以将用 DIV+CSS 布局的网站提交至 W3C,帮助 Web 设计者检查层叠样式表(CSS)。还需要测试,在调整浏览器窗口大小时,页面在窗口中的显示是否正确、美观,页面元素是否显示正确。

4)Web 页面测试的基本原则

Web 页面测试的基本准则是符合页面/界面设计的标准和规范,满足易用性、正确性、规范性、合理性、实用性、一致性等要求。

5) 界面测试用例的设计

（1）窗体

①窗体大小。大小要合适，控件布局合理。

②移动窗体。快速或慢速移动窗体，背景及窗体本身刷新必须正确。

③窗体缩放。窗体上的控件应随窗体的大小变化而变化。

④显示分辨率。必须在不同的分辨率的情况下测试程序的显示是否正常。

（2）控件

窗体或控件的字体和大小要一致，注意全角、半角混合，无中英文混合。

（3）菜单

①选择菜单是否可以正常工作、并与实际执行内容一致。

②是否有错别字。

③快捷键是否重复。

④热键是否重复。

⑤快捷键与热键操作是否有效。

⑥是否存在中英文混合。

⑦菜单要与语境相关、不同权限的用户登录一个应用程序、不同级别的用户可以看到不同级别的菜单，并使用不同级别的功能。

⑧鼠标右键为快捷菜单。

（4）查找替换操作

可以使用 Word 中"替换"功能来帮助测试。

（5）插入文件操作

插入文件操作包括插入文件、插入图像、在文档中插入文档本身、移除插入的源文件、更换插入的源文件的内容。

（6）链接文件操作

链接文件操作包括插入链接文件、在文档中链接文档本身、移除插入的源文件、更换插入的源文件的内容。

（7）插入对象

①插入程序允许的对象，如在 Word 中插入 Excel 工作表。

②修改所插入对象的内容。插入的对象仍能正确显示。

③卸载生成插入对象的程序，如在 Word 中插入 Excel 工作表后卸载 Excel 工作表仍然正常使用。

（8）编辑操作

编辑操作包括对文本、文本框、图文框进行剪切；剪切图像；文本图像混合剪切。

（9）文本框的测试

①输入正常的字母或数字。

②输入已存在的文件的名称。

③输入超长字符。例如在"名称"框中输入超过允许边界个数的字符，假设最多 255

个字符,尝试输入 256 个字符,检查程序能否正确处理。

④输入默认值、空白、空格。

⑤若只允许输入字母,尝试输入数字;反之,尝试输入字母或其他。

⑥利用复制、粘贴等操作强制输入程序不允许的输入数据。

⑦输入特殊字符集,例如,NUL 及 \n 等。

⑧输入不符合格式的数据,检查程序是否正常校验,如程序要求输入年月日格式为 yy/mm/dd,实际输入 yyyy/mm/dd 程序应该给出错误提示。

除此之外,还要对页面中各种控件进行测试,包括命令按钮、单选按钮、up-down 控件、文本框、组合列表框、复选框、列表框、滚动条,以及各种控件在窗体中混合使用时是否正常。

7.3.5　Web 应用的安全测试

Web 应用系统的安全性从使用角度主要可以分为应用级的安全与传输级的安全,因此,安全性测试可以从这两方面入手。

1)应用级的安全测试

应用级的安全测试的主要目的是查找 Web 系统自身程序设计中存在的安全隐患,主要测试区域如下。

(1)注册与登录

现在的 Web 应用系统基本采用先注册,后登录的方式。

①必须测试有效和无效的用户名和密码;

②要注意是否存在大小写敏感;

③可以尝试多少次的限制;

④是否可以不登录而直接浏览某个页面等。

(2)在线超时

Web 应用系统需要有是否超时的限制,应测试在用户长时间不作任何操作的时候,需要重新登录才能使用其功能。

(3)操作留痕

为了保证 Web 应用系统的安全性,需要测试相关信息是否写进入了日志文件,是否可追踪。例如 CPU 的占用率是否很高,是否有例外的进程占用,所有的事务处理是否被记录等。

(4)备份与恢复

为了防范系统的意外崩溃造成数据丢失,备份与恢复手段是 Web 系统的必备功能。备份与恢复根据 Web 系统对安全性的要求可以采用多种手段,如数据库增量备份、数据库完全备份、系统完全备份等。

2)传输级的安全测试

传输级的安全测试是考虑到 Web 系统的传输的特殊性,重点测试数据经客户端传送到服务器端可能存在的安全漏洞,以及服务器防范非法访问的能力。一般测试项目包括以下几个方面。

(1)HTTPS 和 SSL 测试

在默认的情况下,安全 HTTP(Secure HTTP)通过安全套接字 SSL(Secure Sockets Layer)协议在端口 443 上使用普通的 HTTP。HTTPS 使用的公共密钥的加密长度决定 HTTPS 的安全级别,但从某种意义上来说,安全性的保证是以损失性能为代价的。

(2)服务器端的脚本漏洞检查

存在于服务器端的脚本常常构成安全漏洞,这些漏洞又往往被黑客利用。所以,还要测试没有经过授权,就不能在服务器端放置和编辑脚本的问题。

(3)防火墙测试

防火墙是一种主要用于防护非法访问的路由器,在 Web 系统中是很常用的一种安全系统。防火墙测试是一个很大并且专业的课题,这里所涉及的只是对防火墙功能、设置进行测试,以判断本 Web 系统的安全需求。

(4)数据加密测试

某些数据需要进行信息加密和过滤后才能进行数据传输,例如用户信用卡信息、用户登录密码信息等。数据加密测试是对介入信息的传送和存取,处理人的身份和相关数据内容进行验证,检查达到保密的要求,数据加密在许多场合集中表现为密钥的应用,密钥测试包括密钥的产生,分配保存,更换与销毁各个环节上的测试。

习 题

1.系统测试一般通过几种测试方法来完成?

2.系统测试主要采用什么测试技术?

3.系统测试主要由哪些人员参加?

4.学习常用的软件测试工具,试说明它们的使用方法。

5.Web 性能测试基本包括哪几个方面?

6.如何对界面中各主要元素进行测试?

7.Web 应用系统性能测试人员应具有哪些能力?

第 8 章　性能测试

8.1　基本概念

性能测试是利用产品、人员和流程来降低应用程序、升级程序或补丁程序部署风险的一种手段。性能测试的主要思想是通过模拟产生真实业务的压力对被测系统进行加压，验证被测系统在不同压力情况下的表现，找出其潜在的瓶颈。

8.2　性能测试

性能测试原理如图 8.1 所示。

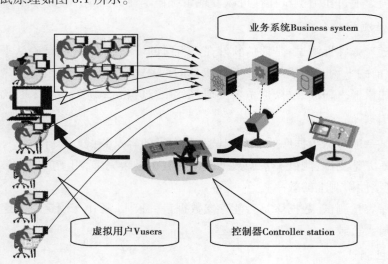

图 8.1　性能测试原理图

8.3　性能测试分类

常见的性能测试：负载测试、压力测试、可靠性测试、数据库测试、安全性测试、文档测试等。

1）负载测试

测试系统在资源超负荷情况下的表现，以发现设计上的错误或验证系统的负载能力，评估测试对象在不同工作条件下的性能行为，以及持续正常运作的能力。

负载测试通过大量重复的行为、模拟不断增加的用户数量等方式观察不同负载下系统的响应时间和数据吞吐量、系统占用的资源等,检验系统的特性,发现系统可能存在的性能瓶颈、内存泄漏等问题。

负载测试的加载方式通常有以下几种:

①一次加载:一次性加载某个数量的用户,在预定的时间段内持续运行。

②递增加载:有规律地逐渐增加用户,每几秒增加一些新用户,交错上升。

③高低突变加载:某个时间用户数量很大,突然降到很低,过一段时间又突然升到很高,反复几次。

④随机加载方式:由随机算法自动生成某个数量范围内变化的、动态的负载。与实际情况最为相似。

2)压力测试

也称为强度测试,是在强负载(大数据量、大量并发用户等)下的测试,通过查看应用系统在峰值使用情况下的状态发现系统的某种功能隐患、系统是否具有良好的容错能力和可恢复能力。通过压力测试往往可以发现系统稳定性的问题。

3)可靠性测试

一般伴随着强壮性测试,是评估软件在运行时的可靠性,通过测试确认平均无故障时间、故障发生前的平均时间或因故障而停机的时间在一年中应该不超过多少时间。可靠性测试强调随机输入,并通过模拟系统实现,很难通过实际系统的运行来实现。

4)数据库测试

数据测试一般包括数据库的完整测试和数据库的容量测试。

①数据库完整测试:测试关系型数据库中的数据是否完整,用于放置对数据库的意外破坏,提高完整性检测上的效率。

②数据库容量测试:数据库是否能存储数据量的极限,还用于确定在给定时间内能够持续处理的最大负载。

5)安全性测试

是测试系统在应付非授权的内部/外部访问、非法侵入或故意的损坏时的系统防护能力,检验系统是否有能力使可能存在的内/外部伤害或损害的风险限制在可接受的水平内。

在安全测试中,测试者扮演攻击系统的角色,一般采用如下方法。

①尝试截取、破译、获取系统的密码。

②让系统失败、瘫痪,将系统制服,使他人无法访问,自己非法进入。

③试图浏览保密的数据,检验系统是否有安全保密的漏洞。

8.4　性能测试工具 LoadRunner

8.4.1　LoadRunner 概述

LoadRunner 是一种预测系统行为和性能的负载测试工具,通过模拟实际用户的操作行为进行实时性能监测,来帮助测试人员更快地查找和发现问题。LoadRunner 适用于各种体系架构,能支持广泛的协议和技术,为测试提供特殊的解决方案。企业通过 LoadRunner 能最大限度地缩短测试时间,优化性能并加速应用系统的发布周期。

8.4.2　LoadRunner 组件

LoadRunner 由四大组件组成:VuGen 发生器、控制器、负载发生器和分析器。

1)VuGen 发生器(Virtual User Generator)

捕捉用户的业务流,并最终将其录制成一个脚本:

①选择相应的一种协议。

②在客户端模拟用户使用过程中的业务流程,并录制成一个脚本。

③编辑脚本和设置 Run-Time Settings 项。

④编译脚本生成一个没有错误的可运行的脚本。

2)控制器(Controller)

①设计场景,包括手动场景设计和目标场景设计两种方式。

②场景监控,可以实时监控脚本的运行的情况。可以通过添加计数器来监控 Windows 资源、应用服务器和数据库使用情况。

③场景设计的目的是设计出一个最接近用户实际使用的场景,场景设计越接近用户使用的实际情况,测试出来的数据就越接近真实值。

3)负载发生器(Load Generators)

模拟用户对服务器提交请求。

通常,在性能测试过程中会将控制器和负载发生器分开;当使用多台负载发生器时,一定要保证负载均衡(指在进行性能测试的过程中,保证每台负载发生器均匀地对服务器进行施压)。

4)分析器(Analysis)

主要用于对测试结果进行分析。

8.4.3　LoadRunner 测试流程

LoadRunner 测试流程大致分为 5 个步骤,如图 8.2 所示,分别为规划测试、创建 UV 脚本、定义场景、运行场景和分析结果。

第一步	规划测试（计划、用例……）
第二步	创建UV脚本
第三步	定义场景
第四步	运行场景
第五步	分析结果

图 8.2　LoadRunner 测试流程

1）规划测试

好的测试规划,能够指导整个测试过程,以更好地收集到测试目标要求的性能数据。规划可以包括测试的计划、用例的设计、场景的设计、性能计数器设置的设计等。

以下列出几点规划事项:

①测试用例:测试用例一般根据需要测试的功能进行设计,如监控宝登录,创建任务等。

②场景设计:一般情况会设计两种加压方式进行测试:瞬时加压(多人同时进行某项业务操作)与逐渐加压(多人先后进行某项业务操作,操作时间间隔根据计划设定)。

③性能计数器方面:可以收集 CPU 时间、内存、硬盘、网络、数据库参数等。

2）创建 UV 脚本

Loadrunner 脚本开发步骤分为:①录制基本脚本;②增强/编辑脚本;③配置运行时设置;④试运行脚本。

（1）启动 LoadRunner

选择开始→程序→HP LoadRunner→LoadRunner,打开 HP LoadRunner11,如图 8.3 所示。

（2）打开 VuGen

在 LoadRunner Launcher 窗格中,单击 Create/Edit Scripts,链接启动 Virtual user Generator 起始页,如图 8.4 所示。

（3）创建一个空白 Web 脚本

选择 File→New 菜单,或点击 按钮,打开 New Virtual User 对话框,显示可供选择脚本的协议,如图 8.5 所示。

对于常用的应用软件,我们可以根据被测应用是 B/S 结构还是 C/S 结构来选择协议。如果是 B/S 结构,就要选择 Web(HTTP/HTML)协议。如果是 C/S 结构,则可以根据后端数据库的类型来选择,如 MS SQL Server 协议用于测试后台数据库为 SQL Server 的应用;对于没有数据库的 WINDOWS 应用,可以选择 Windows Sockets 协议。

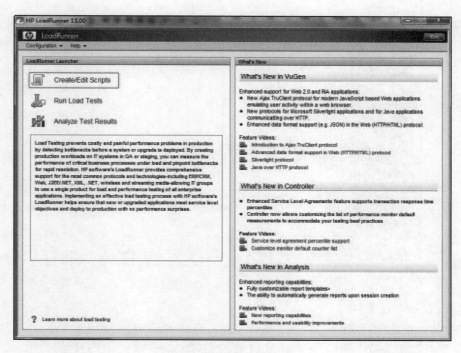

图 8.3　软件打开界面

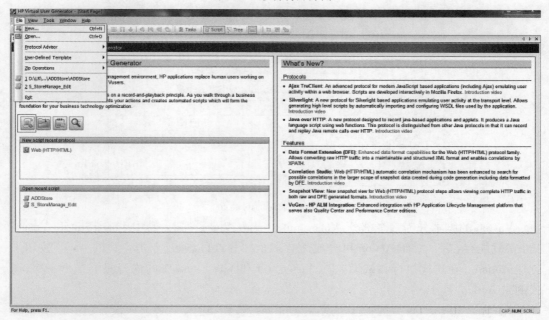

图 8.4　打开 VuGen

　　根据选择协议的不同，Virtual User Generator 会使用不同的方式和界面引导用户完成脚本的录制。

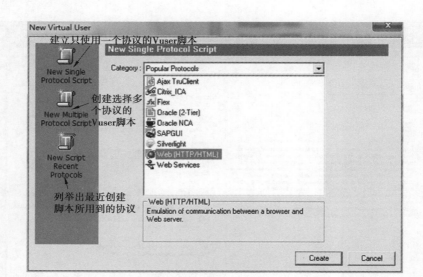

图 8.5　创建一个空白 Web 脚本

（4）录制前的设置

选择 Web（HTTP/HTML），点击 Create 按钮，打开 Start Recording 对话框。选择的协议不同，打开的窗口就会不同，实例是针对 Web 录制的对话框，如图 8.6 所示。

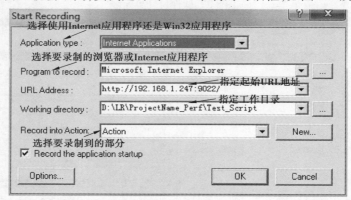

图 8.6　录制前的设置

VuGen 的脚本分为三个部分：Vuser_init，Action，Vuser_end。其中 Vuser_init 和 Vuser_end 都只能存在一个，而 Action 可分成无数多个部分，可以通过点击旁边的"new"按钮来创建 Action。在迭代执行测试脚本时，Vuser_init 和 Vuser_end 中的内容只会执行一次，迭代的是 Action 部分。

在"Start Recording"对话框中，点击"Options"按钮，进入录制选项设置。一般要设置以下选项，如图 8.7 所示。

①基于浏览器的应用程序推荐使用 HTML-based script。

②不是基于浏览器的应用程序推荐使用 URL-based script。

③基于浏览器的应用程序中包含了 JavaScript，并且该脚本向服务器发送了请求，如

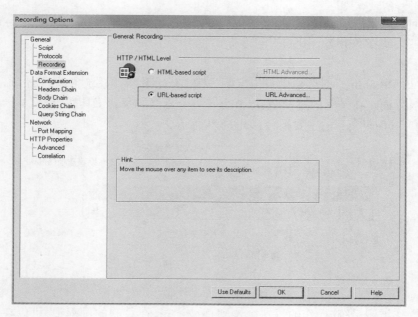

图 8.7　录制选项设置

DataGrid 的分页按钮等，推荐使用 URL-based script。

　　④基于浏览器的应用程序中使用了 HTTPS 安全协议，建议使用 URL-based script。

　　⑤提示：录制 Web 脚本时，生成的脚本中存在乱码该如何解决？

　　⑥新建脚本→选择协议（Http）→选项→高级→选择"支持字符集"并点选"UTF-8"。如图 8.8 所示。

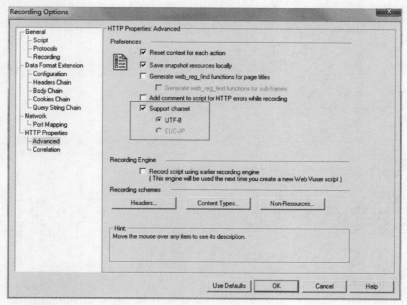

图 8.8　选择"支持字符集"

⑦在回放脚本之前:Vuser→运行时设置→浏览器→浏览器仿真→更改→使用浏览器→语言下来选择"中文(中国)"。

(5)录制

在"Start Recording"对话框中点击"Ok"按钮,开始录制。系统自动弹出 IE,加载营销系统的登录界面。在录制的过程中,屏幕上有一个悬浮的录制工具栏,是脚本录制过程中测试人员和 VuGen 交互的主要平台,如图8.9所示。

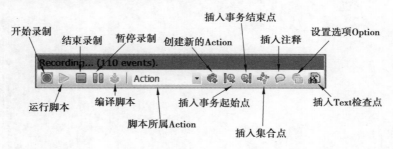

图8.9　录制界面

通过操作被测系统,操作的每一个步骤都被记录,在录制的过程中,可以在相应的步骤插入 action、事务、检查点、集合点等信息。录制完成后单击按钮,Loadrunner 开始生成脚本,生成的脚本如图8.10所示。

图8.10　生成的脚本图

脚本有两种查看方式:

第一种是 Script View 可以查看全部录制的脚本代码,如图8.11所示。

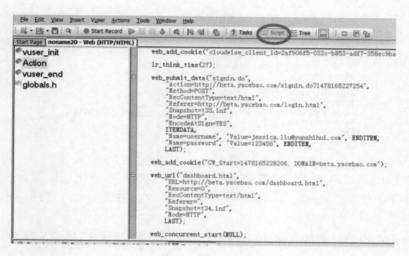

图 8.11　查看全部录制的脚本代码

第二种是 Tree View 可以查看每个 URL 获取来的页面,如图 8.12 所示。

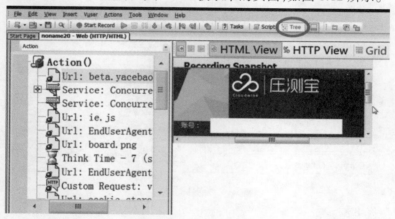

图 8.12　查看每个 URL 获取来的页面

创建 Vuser 脚本—增强/编辑脚本。

参数化:参数化的作用是在进行场景执行的时候,每个不同的虚拟用户可以按照参数的读取策略读取到参数值,以模拟不同用户在提交或者读取不同的数据。

每个用户在界面上读取和提交的信息都不太相同,因此一般都需要参数化,其他与输入信息对应的比如用户 id 之类的信息也需要参数化;另外,录制环境绝大多数情况下与执行环境不一致,因此一般需要对 IP、端口或者域名做参数化。

打开脚本后,首先要确定哪些常量需要参数化,如图 8.13 所示。

可以看出,在 web_submit_data 函数中,两条语句包含了两个常量:用户名和密码。

" Name＝usernam ", " Value＝Test123433333@ sina.com ", ENDITEM,

" Name＝password ", " Value＝123456 ", ENDITEM,

若要模拟多个不同的用户来运行登录脚本的时候,需要对 Value ＝ Test123433333@

```
web_submit_data( signin.do",
        "Action=http://beta.yacebao.com/signin.do?1478165227254",
        "Method=POST",
        "RecContentType=text/html",
        "Referer=http://beta.yacebao.com/login.html",
        "Snapshot=t33.inf",
        "Mode=HTTP",
        "EncodeAtSign=YES",
        ITEMDATA,
        "Name=username", "Value=Test123433333@sina.com", ENDITEM,
        "Name=password", "Value=123456), ENDITEM,
        LAST);
```

图 8.13　查看需要参数化的常量

sina.com 和 Value＝123456 进行参数化,以 e 号参数化为例,参数化过程如下：

①选中 Test123433333@sina.com →右击鼠标→在右键菜单上选择 replace with a parameter。

②在弹出窗口填写参数名称,或选择一个已经存在的参数名,如图 8.14 所示。

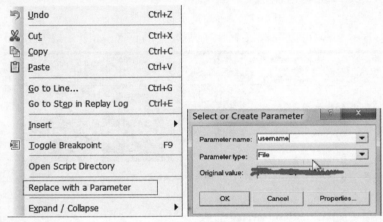

图 8.14　选择替代参数

常用的参数类型：

a.Data/Time:使用当前日期/时间替换所选常量。

b.Group Name:使用 Vuser 组的名称替换所选常量。

c.Load Generator Name:使用 Vuser 脚本的负载发生器名称替换所选常量。

d.Iteration Number:使用当前的迭代编号替换所选常量。

e.Random Number:使用一个随机生成的整数替换所选常量,可以通过参数属性设定参数的范围。

f.Unique Number:使用一个唯一编号替换所选常量,可以通过参数属性设定参数的第一个值和递增的规则。

g.Vuser ID:使用运行脚本的虚拟用户 ID 来代替选择的常量。

h.File:采用外部的数据来代替,可以使用单独的文件,也可以使用现成的数据库中获取数据。

i.User Defined Function:从用户开发的 dll 文件中获取数据。

③单击窗口的 properties 按钮，设置 parameter 的 properties。参数名称：Username；选择参数类型 File，来写入已准备好的数据，如图 8.15 所示。

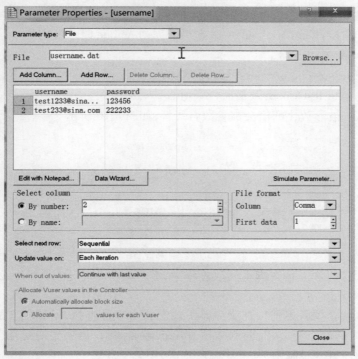

图 8.15　设置 Parameter 的 Properties

文件 File：参数化结束后，脚本保存的根目录下会自动生成一个以参数名称命名的参数文件；也可以直接选择一个已准备好的参数文件。

选择参数列 Select Column：

● By number：以列号为参数列。

● By name：以列名为参数列。

文件格式：

● Column：参数之间的分隔符：逗号、空格、Tab。

● First data：从第几行读取数据。

选择参数分配方法 Select next row：

● Sequential：顺序分配 Vuser 参数值。当正在运行的 Vuser 访问数据表格时，它将会提取下一个可用的数据行。

● Random：当脚本开始运行时，"随机"为每个 Vuser 分配一个数据表格中的随机值。

● Unique：为 Vuser 的参数分配一个"唯一"的顺序值。注意，参数数量一定要大于等于"Vuser 量 ∗ 迭代数量"。

选择参数更新方法 Update value on：

- Each iteration:脚本每次迭代都顺序地使用数据表格中的下一个新值。
- Each occurrence:在迭代中只要遇到该参数就重新取值。
- Once:在所有的迭代中都使用同一个值。

当超出范围时 When out of values:(选择数据为 unique 时才可用到)

- Abort Vuser:中止。
- Continue in a cyclic manner:继续循环取值。
- Continue with last value:取最后一个值。

设置完成后,被参数化的值会被参数名代替,如图 8.16 所示。

```
web_submit_data("signin.do",
    "Action=http://beta.yacebao.com/signin.do?1478165227254",
    "Method=POST",
    "RecContentType=text/html",
    "Referer=http://beta.yacebao.com/login.html",
    "Snapshot=t33.inf",
    "Mode=HTTP",
    "EncodeAtSign=YES",
    ITEMDATA,
    "Name=username", "Value={username}", ENDITEM,
    "Name=password", "Value={password}", ENDITEM,
    LAST);
```

图 8.16　结果查看

- 关联:关联的含义是在脚本回放过程中,客户端发出请求,通过关联函数所定义的左右。

边界值(也就是关联规则),在服务器所响应的内容中查找,得到相应的值,以变量的形式替换录制时的静态值,从而向服务器发出正确的请求,最典型的是用于 sessionID,常用的关联技术有三种:录制中关联、录制后关联、手动关联。

- 录制中关联:设置录制前的 recording options→correlation,可以勾选 LR 已有的关联规则,也可以新建规则;录制过程中,关联自动在脚本体现,如图 8.17 所示。

图 8.17　录制中关联

• 录制后关联：关联的使用可以在脚本录制完成后，回放一次脚本，然后在脚本的菜单的 vuser→scan script for correlations 进行设置，如图 8.18 所示。

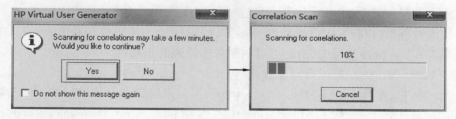

图 8.18　录制后关联

通过回放脚本和扫描关联，系统尝试找到录制与执行时服务器响应的差异部分，找到需要关联的数据，并建立关联，如图 8.19 所示。

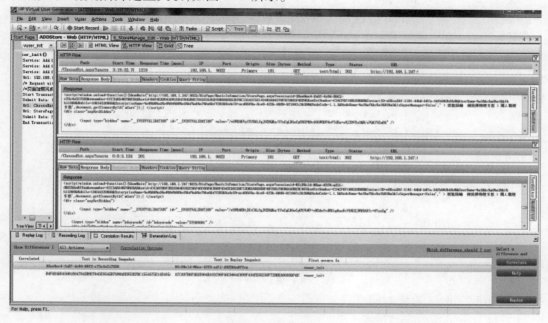

图 8.19　建立关联

• 手动关联：录制前关联与录制后关联都属于自动关联的范畴，如果出现自动关联不能解决的问题，就需要使用手动关联的方法，手动关联的一般步骤如下：

a. 录制两份脚本，保证业务流程和使用的数据相同。

b. 使用 WinTiff 工具比较两份脚本，对两份脚本中不同的地方进行判断，找到需要关联的数据。

c. 找到左边界和右边界字符串，写出关联函数。

d. 在脚本中"需要关联的数据"前面插入关联函数。

e. 用关联函数中定义的参数取代脚本中"需要关联的数据"。

其他：前面讲解了插入事务、插入集合点、参数化、建立关联的方法，一般的脚本都需要做以上几项的修改工作。此外,还可以通过插入注释、插入检查点来完善脚本。另外脚本出现问题了,也可以通过打印信息来调试脚本。

● 插入注释:在脚本中插入注释,可以清晰找到需要修改的位置,增强脚本的可读性。

● 插入检查点:在脚本中设置检查点函数,将返回值的结果反映在 Controller 的状态面板上和 Analysis 统计结果中,由此可以判断数据传递的正确性。

创建 Vuser 脚本—配置运行时设置。

在 VuGen 中,选择 Vuser→Run-time Settings,可以设定脚本回放过程的一些参数。如 Iteration Count（迭代次数）、Think Time（思考时间）、Error Handling（错误处理）、Multithreading(运行方式)等。

a.Iteration Count（迭代次数）

选择 General:Run Logic

说明:设定每个 Action 的迭代次数,如图 8.20 所示。

图 8.20　迭代次数设置

b.Think Time（思考时间）

选择 General:Think Time

说明:设定脚本回放时对思考时间的处理方式,如图 8.21 所示。

Ignore think time

脚本回放时,将不执行 lr_think_time( )函数,这样会给服务器产生更大的压力。

Replay think time

脚本回放时,执行 lr_think_time( )函数,具体执行方式有以下 3 种:

● 按照录制时获取的 think time 值回放。

● 按照录制时获取值的整数倍数回放脚本。

● 制定一个最大和最小的比例,按照两者之间的随机值回放脚本。

Limit think time to 选项,用于限制 think time 的最大值,脚本回放过程中,如果发现有超过这个值的,用这个最大值替代。

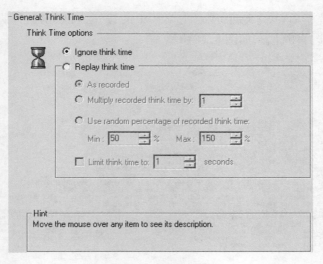

图 8.21　思考时间设置

c.Error Handling(错误处理)

选择 General：Miscellaneous

说明：设定遇到错误时的处理方式，如图 8.22 所示。

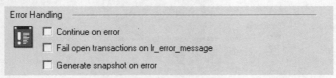

图 8.22　错误处理

Continue on error：遇到错误时继续运行。

Fail open transactions on lr_error_message：执行到事务中调用的 lr_error_message( )函数时将事务的结果置为 Failed。

Generate snapshot on error：对错误进行快照

d.Multithreading(运行方式)

选择 General：Miscellaneous

说明：设定脚本是以多线程方式运行还是以多进程方式运行，如图 8.23 所示。

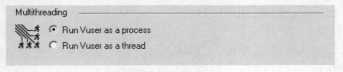

图 8.23　运行方式

Run Vuser as a process：以多进程方式运行。

Run Vuser as a thread：以多线程方式运行。

这个根据实际情况而定，通常 B/S 通常用线程，C/S 用进程。

创建 Vuser 脚本—试运行脚本。

● 脚本录制完毕后,按 F5 键,或点击菜单中的按钮,可以试运行脚本。回放过程中 VuGen 在下方同步打印日志,如图 8.24 所示。

```
Virtual User Script started at : 2016-11-03 19:37:01
Starting action vuser_init.
Web Turbo Replay of LoadRunner 11.0.0 for Windows 7; build 8859 (Aug 18 2010 20:14:31)      [MsgId: MMSG-27143]
Run Mode: HTML     [MsgId: MMSG-26000]
Run-Time Settings file: "C:\Users\jeff\AppData\Local\Temp\noname20\\default.cfg"      [MsgId: MMSG-27141]
Ending action vuser_init.
Running Vuser...
Starting iteration 1.
Starting action Action.
Action.c(4): Redirecting "http://beta.yacebao.com/" (redirection depth is 0)      [MsgId: MMSG-26694]
Action.c(4): To location "http://beta.yacebao.com/login.html"      [MsgId: MMSG-26693]
Action.c(4): web_url("beta.yacebao.com") was successful, 5620 body bytes, 1926 header bytes, 31 chunking overhead bytes      [MsgId: MMSG-263:
Action.c(13): web_concurrent_start was successful      [MsgId: MMSG-26392]
Action.c(15): Registering web_url("ycb.min.css") was successful      [MsgId: MMSG-26390]
Action.c(23): Registering web_url("ycb.js") was successful      [MsgId: MMSG-26390]
Action.c(31): Registering web_url("lib.js") was successful      [MsgId: MMSG-26390]
Action.c(39): Registering web_url("ycb-logo.png") was successful      [MsgId: MMSG-26390]
Action.c(47): Registering web_url("favicon.ico") was successful      [MsgId: MMSG-26390]
Action.c(55): web_concurrent_end was successful, 835742 body bytes, 1284 header bytes      [MsgId: MMSG-26386]
Action.c(57): web_url("ie.js") was successful, 7108 body bytes, 256 header bytes      [MsgId: MMSG-26386]
Action.c(65): web_url("EndUserAgentPreload.js") was successful, 3423 body bytes, 363 header bytes, 12 chunking overhead bytes      [MsgId: MMSG-
Action.c(73): web_url("board.png") was successful, 14304 body bytes, 251 header bytes      [MsgId: MMSG-26386]
Action.c(83): web_url("EndUserAgent.js") was successful, 10928 body bytes, 363 header bytes, 13 chunking overhead bytes      [MsgId: MMSG-263:
Action.c(91): web_custom_request("viewCounter") was successful, 60 body bytes, 244 header bytes, 11 chunking overhead bytes      [MsgId: MMSG-26390]
Action.c(104): web_url("cookie_storage.php") was successful, 85 body bytes, 329 header bytes, 11 chunking overhead bytes      [MsgId: MMSG-263:
Action.c(113): web_custom_request("proxy_rum") was successful, 1024 body bytes, 196 header bytes, 12 chunking overhead bytes      [MsgId: MMSG-26386]
Action.c(131): web_custom_request("userEvent") was successful, 29 body bytes, 244 header bytes, 11 chunking overhead bytes      [MsgId: MMSG-
Action.c(148): Notify: Transaction "login" started.
```

图 8.24 试运行脚本

● 如果需要查看不同的日志形式,可以在脚本页面菜单的 vuser→runtime-settings→ log 选择不同的项,回放脚本时将打印不同级别的日志,如图 8.25 所示。

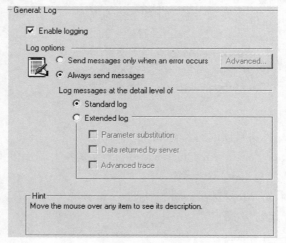

图 8.25 查看不同的日志形式

● 运行结束后,系统会给出相应的运行结果,可以通过 View→Test Results 查看回放结果,如图 8.26 所示。

在 VuGen 中试运行脚本的作用,主要是查看录制的脚本能否正常通过,如果有问题,系统会给出提示信息,并定位到出错的行上,便于用户查找到错误,修改完善测试脚本。

3)定义场景

脚本准备完成后,可以根据场景用例设置场景。Controller 控制器提供了手动和面向目标两种测试场景。

①手动设计场景(Manual Scenario)最大的优点是能够更灵活地按照需求来设计场景

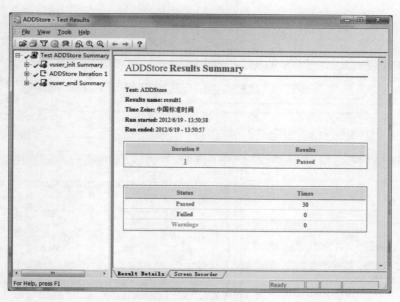

图 8.26　运行结果

模型,使场景能更好地接近用户的真实使用。一般情况下使用手动场景设计方法来设计场景。

②面向目标场景(Goal Oriented Scenario)则是测试性能是否能达到预期的目标,在能力规划和能力验证的测试过程中经常使用。

Controller 控制器可以从程序中打开,然后选择保存好的脚本;也可以从 VuGen 中直接连接到该脚本的控制场景。

实例从 VuGen 中启动 Controller 的步骤如下:

第 1 步:单击 VuGen 菜单栏的 tools→create controller scenario。

第 2 步:在弹出窗口选择虚拟用户数、运行结果保存目录(按照事先约定选择目录,结果文件的命名最好包含用户数/加压方式/场景名)、负载产生的负载机所在地,如图8.27所示。

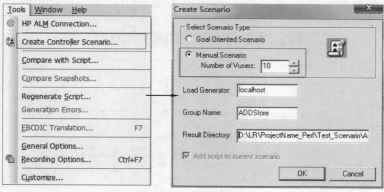

图 8.27　选项设置

③在 Create Scenario 窗口中点击 OK,链接启动 LoadRunner Controller,如图 8.28 所示。

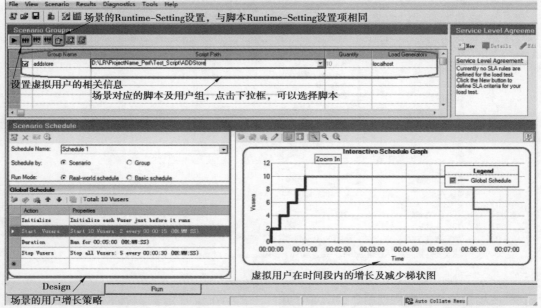

图 8.28　启动 LoadRunner Controller

在 Controller 的 Scenario Schedule 中,可以设置场景的各项计划,如虚拟用户的加载方式、释放策略等。

a.设置场景的基本信息

Schedule Name:设置场景名称。

Schedule by:选择按场景计划或按用户组计划。

Run Mode:

real-world schedule 是真实场景模式,可以通过增加 Action 来增加多个用户。

basic schedule 是以前用的'经典模式',只能设置一次负载的上升和下降。

b.设置场景的各类参数:双击 Global Schedule 中的对应行,可以设置 schedule 的各类参数,如图 8.29 所示。

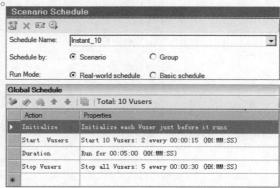

图 8.29　设置场景的各类参数

Initialize：初始化是指运行脚本中的 Vuser_init 操作，为测试准备 Vuser 和 Load Generator，如图 8.30 所示。

同时初始化所有的Vusers

每隔一段时间初始化一定的Vusers

设置每一个Vusers在运行前才进行初始化

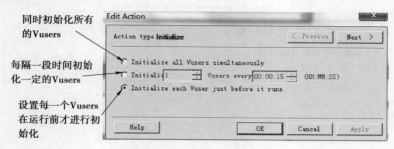

图 8.30 初始化

Start Vusers：设置场景 Vuser 加载方式，如图 8.31 所示。

设置同时加载所有Vusers

设置每隔一段时间加载一定的Vusers

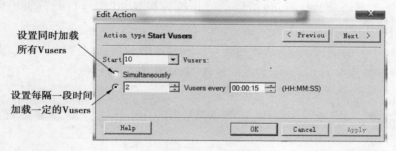

图 8.31 设置场景 Vuser 加载方式

Duration：设置场景持续运行的情况，如图 8.32 所示。

所有Vusers按照指定的迭代次数运行

所有的Vusers一直重复运行脚本，直到指定的时间结束运行，脚本迭代次数被忽略

图 8.32 设置场景持续运行的情况

Stop Vusers：设置场景执行完成后虚拟用户释放的策略，如图 8.33 所示。

设置同时停止所有Vusers

设置每隔一段时间停止一定的Vusers

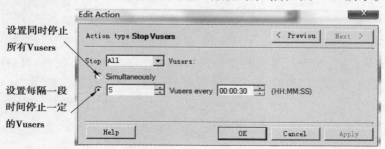

图 8.33 设置场景执行完成后虚拟用户释放的策略

Start Time:设置场景启动时间,如图 8.34 所示。

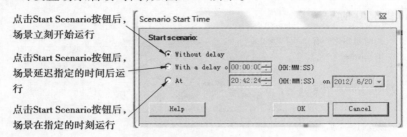

图 8.34　设置场景启动时间

4)运行场景

场景设计完成后,单击 Controller 界面下方的 Run 选项卡,可以进入场景的执行界面。这个界面用于控制场景的执行,包括启动停止执行场景,观察执行时是否出错及出错信息、执行时用户情况、相关性能数据。

单击 Start Scenario 按钮,场景开始运行。一些即时的数据(比如用户数,等待数,成功事务数,失败事务数等)以及性能数据的折线图,会在 Run 的过程中显示,如图 8.35 所示。

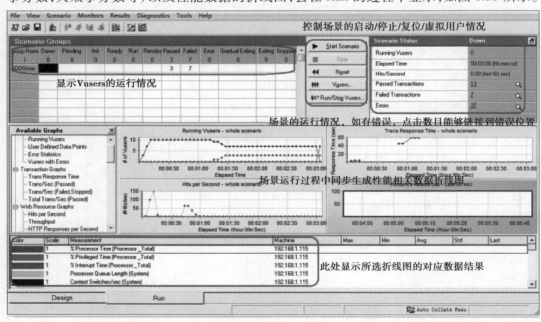

图 8.35　场景运行

执行完成后,执行结果以事先的命名默认保存在建立场景时设置的保存目录。如果涉及调优,需要多次执行同一个场景,建议每次运行前先调整菜单的 Results→Results Settings,场景结果保存的名字建议包含重要调优参数值。调优参数比较多样,可以在具体的项目用附件约定。

测试期间,可以使用 LoadRunner 的联机监控器观察 Web 服务器在负载下的运行情况。特别是可以看到,负载的增加如何影响服务器对用户操作的响应时间(事务响应时间),以及如何引起错误的产生。

5) 分析结果

LR 的 Analysis 模块是分析系统的性能指标的一个主要工具,它能够直接打开场景的执行结果文件,将场景数据信息生成相关的图表进行显示。Analysis 集成了强大的数据统计分析功能,允许测试员对图表进行比较和合并等多种操作,分析后的图表能够自动生成需要的测试报告文档,如图 8.36 所示。

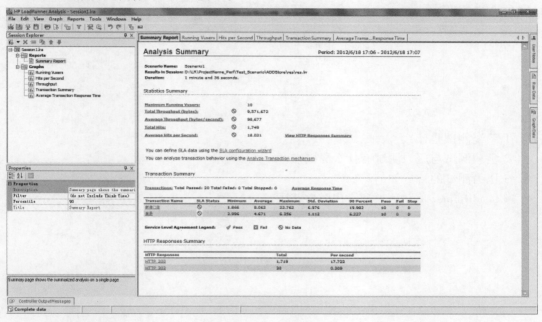

图 8.36　分析结果

通常测试报告需要给出"虚拟用户—用户响应时间"的折线图,这个折线图可以通过合并报表的形式生成,过程如下:选中 Average Transaction Response Time 报表,单击菜单栏的 View→Merge Graphs→然后选择与 Running Vuser 图合并,生成的折线图即为"虚拟用户—用户响应时间",如图 8.37 所示。

LoadRunner 作为商业性能测试工具拥有强大的功能,License 的价格也很高。还有一个 Apache 开发的开源免费性能测试工具 Jmeter,互联网公司使用比较多。这些工具只适合应用后端的压力测试,使用时都是需要先安装才能使用,如果想模拟大并发,前期还需要准备大量的工作压力机,测试所占用的资源成本比较高,压测周期很长,越来越不适合移动应用产品敏捷开发、快速交付的需求。

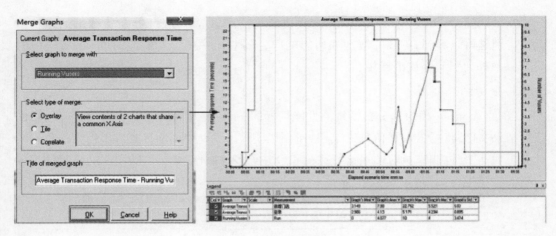

图 8.37　折线图显示

习　题

1.系统测试是什么?

2.负载测试与压力测试有什么异同点?

3.压力测试的特点如何?

4.LoadRunner 负载测试通常由哪些步骤组成?

第9章 单元测试及测试框架

单元测试是由程序开发者来完成的,用于检验代码模块的功能是否正确。可以这么说,程序员有责任编写功能代码,同时也就有责任为自己的代码编写单元测试。执行单元测试,就是为了证明这段代码的行为和我们期望的一致。

其实单元测试在平时是很常见的。工厂在组装一台电视机之前,会对每个元件都进行测试,这就是单元测试。你写了一个函数,除了极简单的外,总是要执行一下,看看功能是否正常,有时还要想办法输出些数据,或者弹出一些信息窗口,再去判断结果是否符合预期,这也是单元测试,只是我们通常把这种单元测试称为临时单元测试。只进行了临时单元测试的软件,针对代码的测试很不完整,代码覆盖率要超过70%都很困难,未覆盖的代码可能遗留大量的细小的错误,这些错误还会互相影响,当 Bug 暴露出来的时候难于调试,大幅度提高后期测试和维护成本,也降低了开发商的竞争力。可以说,进行充分的单元测试,是提高软件质量,降低开发成本的必经之路。

9.1 单元测试

9.1.1 单元测试简介

1)单元测试的定义

单元测试是对软件设计的最小单元——模块进行正确性检验的测试工作,主要测试模块在语法、格式和逻辑上的错误。对于单元测试中"单元"的含义,一般来说,要根据实际情况去判定其具体含义,如 C 语言中单元指一个函数,Java 里单元指一个类,图形化的软件中可以指一个窗口或一个菜单等。一般来说,单元就是人为规定的最小的被测功能模块。单元测试是在软件开发过程中要进行的最低级别的测试活动,软件的独立单元将在与程序的其他部分相隔离的情况下进行测试。而对于"单元"选择的依据如下:

①单元必须是可测的。

②单元的行为或输出是可观测的。

③有明确的可定义的边界或接口。

确定单元的最基本原则是"高内聚,低耦合",常见的示例如下。

①在使用过程化编程语言开发设计的软件中,单元可以用一个函数或过程表示,也可以用紧密相关的一组函数或过程表示。

②在使用面向对象编程开发工具设计的软件中,单元可以用一个类或类的一个实例表示,也可以用方法实现的一个功能表示。

③在可视化编程环境下或图形用户界面(GUI)环境下,单元可以是一个窗口,或者是这个窗口中相关元素的集合,如一个组合框等。

④在基于组件的开发环境中,单元可以是一个预先定义的可重用的组件。在这种情况下,开发者测试组件应该考虑组件的初始状态成熟度和以前的测试历史,以确定当前应该执行什么测试。

⑤对于 Web 编程的网页,单元可以是页面上的一个子功能,如一个文字输入窗口或一个功能按钮。

单元测试应对模块内所有重要的控制路径进行测试,以便发现模块内部的错误。单元测试是检查软件源程序的第一次机会,孤立地测试每个单元,确保每个单元都工作正常,这样比把单元作为一个大系统的一个部分进行测试更容易发现问题。在单元测试中,每个程序模块可以并行地、独立地进行测试工作。

2)单元测试的主要任务

单元测试是针对每一个模块进行测试,其主要任务是解决 5 个方面的测试问题,如图9.1所示。

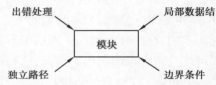

图 9.1　单元测试解决问题

(1)模块接口测试

对模块接口的测试是检查进出模块单元的数据流是否正确,模块接口测试是单元测试的基础。对模块接口数据流的测试必须在任何其他测试之前进行,因为如果不能确保数据正确地输入和输出,所有的测试都是没有意义的。

针对模块接口测试应进行的检查,主要涉及如下方面的内容。

①模块接受输入的实际参数个数与模块的形式参数个数是否一致。

②输入的实际参数与模块的形式参数的类型是否匹配。

③输入的实际参数与模块的形式参数所使用的单位是否一致。

④调用其他模块时,所传送的实际参数个数与被调用模块的形式参数的个数是否相同。

⑤调用其他模块时,所传送的实际参数与被调用模块的形式参数的类型是否匹配。

⑥调用其他模块时,所传送的实际参数与被调用模块的形式参数的单位是否一致。

⑦调用内部函数时,参数的个数、属性和次序是否正确。

⑧在模块有多个入口的情况下,是否引用了与当前入口无关的参数。

⑨是否会修改只读型参数。

⑩出现全局变量时,这些变量是否在所有引用它们的模块中都有相同的定义。

⑪有没有把某些约束当作参数来传送。

除此之外,如果模块内包括外部输入/输出,还应考虑以下问题。

①文件属性是否正确。

②文件打开语句的格式是否正确。

③格式说明与输入/输出语句给出的信息是否一致。

④缓冲区的大小是否与记录的大小匹配。

⑤是否所有的文件在使用前已打开。

⑥是否处理了文件尾。

⑦对文件结束条件的判断和处理是否正确。

⑧是否存在输出信息的文字性错误。

（2）模块局部数据结构测试

在单元测试工作过程中，必须测试模块内部的数据能否保持完整性、正确性，包括内部数据的内容、形式及相互关系不发生错误。应该说，模块的局部数据结构是经常发生错误的错误根源，对于局部数据结构应该在单元测试中注意发现以下几类错误：

①不正确的或不一致的类型说明。

②错误的初始化或默认值。

③错误的变量名，如拼写错误或缩写错误等。

④不相容的数据类型。

⑤下溢、上溢或者地址错误。

除了局部数据结构外，在单元测试中还应弄清楚全程数据对模块的影响。

（3）模块中所有独立执行路径测试

在单元测试中，最主要的测试是针对路径的测试，在测试中应对模块中每一条独立执行路径进行测试，此时设计的测试用例必须能够发现由于计算错误、不正确的判定或不正常的控制流而产生的错误。常见的错误如下：

①误解的或不正确使用算术优先级。

②混合类型的运算。

③错误的初始化。

④算法错误。

⑤运算精确度不够精确。

⑥表达式的符号表示不正确等。

针对判定和条件覆盖，测试用例还要能够发现如下错误：

①不同数据类型的比较。

②不正确的逻辑操作或优先级。

③应当相等的地方由于精确度和错误而不能相等。

④不正确的判定或不正确的变量。

⑤不正常的或不存在的循环终止。

⑥当遇到分支循环时不能退出。

⑦不适当地修改循环变量。

（4）各种错误处理测试

软件在运行中出现异常现象并不奇怪，良好的设计应该预先估计到软件投入运行后可能发生的错误，并给出相应的处理措施，使得用户不至于束手无策。测试错误处理的要点是检验如果模块在工作中发生了错误，其中的出错处理设施是否有效。

检验软件中错误处理应主要检查下面的情况：

①对运行发生的错误描述得难以理解。

②报告的错误与实际遇到的错误不一致。

③出错后,在错误处理之前就引起了系统干预。

④例外条件的处理不正确。

⑤提供的错误信息不足,以致无法找到出错的原因。

用户对这 5 个方面的错误会非常敏感,因此,如何设计测试用例,使得模块测试能够高效地发现其中的错误,就成为软件测试过程中非常重要的问题。

(5)模块边界条件测试

实际情况表明,软件常常在边界地区发生问题。测试时应主要检查下面的情况:

①处理 n 维数组的第 n 个元素时是否出错。

②在 n 次循环的第 0 次、1 次、n 次是否有错误。

③运算或判断中取最大和最小值时是否有错误。

④数据流、控制流中刚好等于、大于、小于确定的比较值时是否出现错误等。

边界条件测试是单元测试的最后一步,是非常重要的,必须采用边界值分析方法来设计测试用例,仔细地测试为限制数据处理而设置的边界处,看模块是否能够正常工作。

9.1.2　单元测试的优势

单元测试是软件测试的基础,因此单元测试的效果会直接影响到软件的后期测试,最终在很大程度上影响到产品的质量,从如下几个方面就可以看出单元测试的重要性。

1)时间方面

如果认真地做好了单元测试,在系统集成联调时非常顺利,那么就会节约很多时间;反之,那些由于因为时间原因不做单元测试,或随便应付的测试人员,则在集成时总会遇到那些本应该在单元测试就能发现的问题,而这种问题在集成时遇到往往很难让开发人员预料到,最后在苦苦寻觅中才发现这是个很低级的错误,浪费很多时间,这种时间上的浪费往往得不偿失。

2)测试效果方面

根据以往的测试经验来看,单元测试的效果是非常明显的,首先它是测试阶段的基础,做好了单元测试,在做后期的集成测试和系统测试时就很顺利。其次,在单元测试过程中能发现一些很深层次的问题,同时还会发现一些在集成测试和系统测试很难发现的问题。最后,单元测试关注的范围也很特殊,它不仅仅是证明这些代码做了什么,最重要的是掌握代码是如何做的,是否做了它该做的事情而没有做不该做的事情。

3)测试成本方面

在单元测试时,某些问题很容易被发现,但是这些问题在后期的测试中被发现,所花的成本将成倍数上升。比如在单元测试时发现 1 个问题需要 1 h,则在集成测试时发现该问题可能需要 2 h,在系统测试时发现可能就要 3 h 了。同理还有定位问题和解决问题的费用也会成倍上升,这就是我们要尽可能早地排除尽可能多的 Bug 来减少后期成本的因素之一。

4）产品质量方面

单元测试的好与坏直接影响到产品的质量，可能就是由于代码中的某一个小错误就会导致整个产品的质量降低一个层次，或者导致更严重的后果。如果测试人员做好了单元测试，这种情况是可以完全避免的。

因此，单元测试是构筑产品质量的基石，千万不要为节约测试的时间，而不做单元测试成随便应付，这样会在后期浪费更多不值得的时间，甚至因为"节约"那些时间，导致开发出来的整个产品失败。

在单元测试的过程中，还应坚持如下的原则：

①单元测试越早进行越好。有的开发团队甚至提出测试驱动开发，认为软件开发应该遵行"先写测试、再写代码"的编程途径。软件中存在的错误发现得越早，则修改维护的费用越低，而且难度越小，所以单元测试是发现软件错误的最好时机。

②单元测试应该依据《软件详细设计规格说明》进行。进行单元测试时，应仔细阅读《软件详细设计规格说明》。而不要只看代码，不看设计文档。因为只看代码，仅能验证代码有没有做某件事，而不能验证它应不应该做这件事。

③对于修改过的代码应该重做单元测试，保证对已发现错误的修改没有引入新的错误。

④当测试用例的测试结果与设计规格说明上的预期结果不一致时，测试人员应如实记录实际的测试结果。

⑤单元测试应注意选择好被测软件单元的大小。软件单元划分太大，那么内部逻辑和程序结构就会变得很复杂，造成测试用例过于繁多，令用例设计和评审人员疲惫不堪；而软件单元划分太细会造成测试工作太繁琐，降低效率。工程实践中要适当把握好划分原则，不能过于拘泥。

⑥一个完整的单元测试说明应该包含正面测试（Positive Testing）和负面测试（Negative Testing）。正面测试验证程序应该执行的工作，负面测试验证程序不应该执行的工作。

⑦注意使用单元测试工具。目前市面上有很多可以用于单元测试的工具。单元测试非常需要工具的帮助，使用这些工具，测试人员能很好地把握测试进度，避免大量的重复劳动，降低工作强度，提高测试效率。

综上所述，做好单元测试是非常有必要的，单元测试也是具有一些优势的，主要体现在以下几点：

- 帮助开发人员编写代码，提升质量、减少 Bug；
- 提升反馈速度，减少重复工作，提高开发效率；
- 保证你最后的代码修改不会破坏之前代码的功能；
- 让代码维护更容易；
- 有助于改进代码质量和设计。

9.2   单元测试框架

目前市面上有很多可以用于单元测试的工具。单元测试非常需要工具的帮助,使用这些自动化测试工具,会避免大量的重复劳动,降低工作强度,有效地提高测试效率,并把测试人员的精力放在更有创造性的工作上。下面我们就来看看一个比较常用的单元测试工具——JUnit。

9.2.1   JUnit 简介

JUnit 是一个 Java 编程语言的单元测试框架。它由 Kent Beck 和 Erich Gamma 建立,逐渐成为源于 Kent Beck 的 sUnit 的 xUnit 家族中最为成功的一个。JUnit 有它自己的 JUnit 扩展生态圈。多数 Java 的开发环境都已经集成了 JUnit 作为单元测试的工具。

9.2.2   JUnit 特性

JUnit 是一个开放源代码的 Java 测试框架,用于编写和运行可重复的测试。它是用于单元测试框架体系 xUnit 的一个实例(用于 Java 语言)。它具有以下特性:
①用于测试期望结果的断言(Assertion);
②用于共享共同测试数据的测试工具;
③用于方便地组织和运行测试的测试套件;
④图形和文本的测试运行器。

9.2.3   JUnit 测试实例

1)案例介绍

现在有一个 Calculator 类,是能够实现简单的加、减、乘、除、平方、开方等运算的计算器类,其中有加法 add(int n)、减法 substract=(int n)、乘法 multiply(int n)、除法 divide(int n)、平方 square(int n)、开方 squareRoot(int n)、清零 clear()和获取结果 getResult()8 个方法。其代码如下,代码中有若干 Bug,详细记录于代码后的注释中。

```
Package andycpp;

public class Calculator {
    //静态变量,用于存储运行结果
    private static int result;
    public Calculator(int n) {
        result = n;
    }
}
```

```
    public void add( int n) {
        result = result + n;
    }
    public void substract( int n) {
        result = result - 1;
        //Bug:正确的应该是 result = result - n
    }
    public void multiply( int n) {
        //Bug :此方法未实现
    }
    public void divide ( int n) {
        result = result / n;
        //Bug :未做非零校验
    }
    public void square( int n) {
        result = n * n;
    }
    public void squareRoot( int n) {
        for ( ; ;);
        //Bug :死循环
    }
    public void clear( ) {
        result = 0;
    }
    public int getResult( ) {
        return result;
    }
}
```

2) 常规测试

怎样能够测试出代码中的 Bug，证明 Calculator 类能够正常工作？传统的基本思路是设计适当的测试用例，然后把 Calculator 类实例化，接着以设计好的测试用例为参数调用具体方法，最后检验返回结果与预期值是否一致，如果一致就说明代码正确。

按照上面的思路，不使用 JUnit 也可以进行 Calculator 类的测试。例如在 Calculator 类中创建 main( )函数测试 add( )方法，代码如下。

```
package andycpp;

public class Calculator{
    …
    public static void main(String[] args) {
        Calculator calc = new Calculator(0);
        int result = calc.add(3);
        if(result == 3) {
            System.out.println(result);
        }else{
          System.out.println("failure!");
        }
    }
}
```

这个测试很简单,使用的测试用例是0+3。首先,创建 Calculator 类的实例,把测试用例传递给它;然后用 if 语句来比较预期值3与实际结果 result 是否相等,如果相等就在控制台输出 result 的值;否则,输出错误提示信息"failure!"。

add()方法的功能非常简单,通过编译运行,肯定能得到正确的结果。但是,如果改变 add()方法中的代码,使测试失败,就必须仔细地寻找错误消息以确定错误原因了。另外,还要考虑到这里的代码只是测试了 add()方法,如果把测试 Calculator 类的代码写完整,运行 main()方法势必会进行连续测试,这样容易造成混乱,一旦出现错误就不容易查找。当然,利用编码的技巧,编写出足够智能的程序完全可以解决上述测试混乱的问题,比如,构建新的测试类,使测试结构清晰;创建能动态显示测试结果的窗口,使测试工作可以控制等。做完这些工作后,会发现所有测试的程序仅仅是简单的 Calculator 运算类,测试的效率是不能接受的。

3)使用 JUnit 测试

所有单元测试框架都应该遵守以下3条原则:

①每个单元测试的运行都必须独立于其他单元测试。

②必须以单项测试为单位来检测和报告错误。

③必须易于定义要运行的单元测试。

毫无疑问,JUnit 能很好地遵守这3条规则。同时,JUnit 还有很多功能可以简化测试的编写和运行。

①每个单元测试可以独立运行。

②标准的资源初始化和回收方法。

③各种不同的 assert 方法,让测试结果更加容易。

④可以同流行的工具(Ant、Maven 等)和流行的 IDE(Eclipse、NetBeans、IDEA 等)整合。

下面介绍在 Eclipse 中利用 JUnit 4 对 Calculator 类进行测试的过程与方法。

（1）测试实现

①在 Eclipse 中创建一个名为"JUnit _Test"的项目，将被测试类添加到项目中。

②将 JUnit4 单元测试包引入这个项目，右击该项目，选择"Properties"（属性）命令，在弹出的属性窗口中，首先在左侧窗格选择"Java Build Path"，然后到右侧窗格切换到"Libraries"选项卡，之后在最右边单击"Add Library…"按钮。然后在弹出的对话框中选择 JUnit4 并单击"OK"（确定）按钮，JUnit 4 软件包就被包含进这个项目了。

③生成 JUnit 测试框架，在 Eclipse 的 PackageExplorer 中右击该类，弹出菜单，选择"New"→"JUnit Test Case"命令。在弹出的对话框中进行相应的选择。单击"Next"（下一步）按钮，系统会自动列出这个类中包含的方法。选择要进行测试的方法，此例中仅对"加、减、乘、除"4 个方法进行测试。

之后系统会自动生成一个新类 CalculatorTest，里面包含一些空的测试用例。只需要将这些测试用例稍加修改即可使用。完整的 CalculatorTest 代码如下。

```
package andycpp;

import static org.junit.Assert.*;
import org.junit.Before;
import org.junit.Ignore;
import org.junit.Test;

public class CalculatorTest {
    private static Calculator calculator = new Calculator();

    @Before
    public void setUp() throws Exception … {
        calculator.clear();
    }
    @Test
    public void testAdd() {
        calculator.add(2);
        calculator.add(3);
        assertEquals(5,calculator.getResult());
    }
    @Test
    public void testSubstract() {
        calculator.add(10);
```

```
        calculator.substract(2);
        assetEquals(8,calculator.getResu1t());
    }
    @Ignore("Multiply() Not yet implemented")
    @Test
    public void testMultiply() {
    }

    @Test
    public void testDivide() {
        calculator.add(8);
        calculator.divide(2);
        assertEquals(4,calculator.getResult());
    }
}
```

④运行测试代码。按照上述代码修改完毕后,右击 CalculatorTest 类,选择"Run As"→"JUnit Test"命令运行测试。

进度条是红颜色,表示发现错误,具体的测试结果在进度条上面有表示,"共进行了 4 个测试,其中 1 个测试被忽略,0 个 Error, 1 个测试失败"。接下来就可以根据错误的提示进行修改了。

(2)测试说明

根据以上的 JUnit 测试实例,需要做如下说明。

①包含必要的 Package。

在测试类中用到了 JUnit 4,自然要把相应的 Package 包含进来,最主要的一个 Package 是 org.junit. * ,把它包含进来之后,绝大部分功能就有了。还有一句也非常重要。

```
import static org.junit.Assert. * ;
```

在测试的时候使用一系列 assertEquals 方法就来自这个包,需要注意,这是个静态包含(static),是 JDK 5 中新增添的一个功能。也就是说,assertEquals 是 Asset 类中的一系列静态方法,一般的使用方式是 Assert.assertEquals(),但是使用了静态包含后,前面的类名就可以省略了,使用起来更加方便。

②测试类的声明。

测试类是个独立的类,没有任何父类。测试类可以任意命名,没有任何局限性。所以不能通过类的声明来判断它是不是个测试类,它与普通类的区别在于它内部方法的声明,后面会讲到。

③创建一个待测试的对象。

要测试哪个类,首先就要创建一个该类的对象,代码如下。

```
private static Calculator calculator = new Calculator( );
```

为了测试 Calculator 类,必须先创建一个 Calculator 对象。

④测试方法的声明。

在测试类中,并不是每一个方法都用于测试,必须使用"标注"来明确哪些是测试方法。"标注"也是 JDK5 的一个新特性,用在此处非常恰当。程序示例中可以看到,某些方法前有@ Before、@ Test、@ lgnore 等字样,以一个"@"作为开头,这些就是标注。这些标注都是 JUnit4 自定义的,熟练掌握这些标注的含义非常重要。

⑤编写一个简单的测试方法。

首先,在方法的前面使用@ Test 标注,以表明这是一个测试方法。对于方法的声明有这样的要求:名字可以随便取,没有任何限制,但是返回值必须为 void,而且不能有任何参数。如果违反这些规定,会在运行时抛出一个异常。至于方法内写什么,要看需要测试什么。比如如下代码。

```
@ Test
public void testAdd( ) {
    calculator.add(2);
    calculator.add(3);
    assertEquals(5,calculator.getResult( ));
}
```

如果想测试一下"加法"功能是否正确,可在测试方法中调用几次 add 函数,初始值为 0,先加 2,再加 3,期待的结果是 5。如果最终的结果也是 5,就说明 add 方法是正确的,反之说明它是错误的。

"assertEquals(5,calculator.getResult( ));"用来判断期待结果和实际结果是否相等,第一个参数填写实际结果,也就是通过计算得到的结果。这样写好之后,JUnit 会自动进行测试并把测试结果反馈给用户。

⑥忽略测试某些尚未完成的方法。

如果在写程序前做了很好的规划,哪些方法是什么功能就都应该事先定下来。因此,即使该方法尚未完成,它的具体功能也是确定的,这也就意味着可以为它编写测试用例。但是,如果已经写完该方法的测试用例,但该方法尚未完成,测试的时候就一定是"失败"的。这种失败和真正的失败是有区别的,因此 JUnit 提供了一种方法来区别它们,那就是在这种测试函数的前面加上@ Ignore 标注,这个标注的含义是"某些方法尚未完成,暂不参与此次测试"。这种情况下,测试结果会提示有几个测试被忽略,而不是失败。一旦完成了相应函数,只需要把@ Ignore 标注删去,就可以进行正常的测试了。

⑦固定代码段 Fixture。

Fixture 的含义是"在某些阶段必然被调用的代码"。比如上面的测试,只声明了一个 Calculator 对象,它的初始值是 0,但是测试完加法操作后,它的值就不是 0 了。如果接下来测试减法操作,就必然要考虑上次加法操作的结果;这绝对是一个很糟糕的设计! 我们希望每一个测试都是独立的,相互之间没有任何耦合度。因此,很有必要在执行每一个测试之前,对 Calculator 对象进行一个"复原"操作,以消除其他测试造成的影响。因此,"在任何一个测试执行之前必须执行的代码"就是一个 Fixture,用@ Before 来标注,如前面例子所示。

```
@ Before
Public void setUp( ) throws Exception {
    Calculator.clear( ) ;
}
```

这里不再需要@ Test 标注,因为这不是一个 test,而是一个 Fixture。同理,"在任何测试执行之后需要进行的收尾工作"也是一个 Fixture,用@ After 来标注。本例比较简单,没有用到此功能。

（3）高级测试

通常情况下,利用以上基本的测试方式已经能够满足基本的单元测试需求,但 JUnit 也提供了很多更细粒度的单元测试方法。

①高级 Fixture。

之前介绍了两个 Fixture 标注,分别是@ Before 和@ After,来看看它们是否适合完成如下功能:有一个类负责对大文件(超过 500 MB)进行读写,它的每一个方法都是对文件进行操作。换句话说,在调用每一个方法之前,都要打开一个大文件并读入文件内容,这绝对是一个非常耗时的操作。如果使用@ Before 和@ Afer,每次测试就都要读取一次文件,效率极其低下。这里希望的是在所有测试开始读一次文件,所有测试结束之后释放文件,而不是每次测试都读文件。JUnit 的作者显然也考虑到了这个问题,他给出了@ BeforeClass 和@ AfterClass 两个 Fixture 来实现这个功能。从名字上可以看出,用这两个 Fixture 标注的函数,只在测试用例初始化时执行@ BeforeClass 方法,当所有测试执行完毕之后,执行@ AfterClass 进行收尾工作。在这里要注意一下,每个测试类只能有一个方法被标注为@ BeforeClass 或@ AfterClass,并且该方法必须是 public 和 static 的。

②限时测试。

对于那些逻辑很复杂、循环嵌套比较深的程序,很有可能出现死循环,因此一定要采取预防措施。限时测试是一个很好的解决方案,给测试函数设定一个执行时间,超过这个时间,它们会被系统强行终止,并且系统还会汇报该函数结束的原因是超时,这样就可以发现这些 Bug 了。要实现这一功能,只需要给@ Test 标注加一个参数即可,代码如下。

```
@ Test( timeout = 1000)
public void squareRoot( ) {
    calculator.squareRoot(4) ;
    assertEquals(2,calculator.getResult( )) ;
}
```

其中,Timeout 参数表明了要设定的时间,单位为毫秒,因此代码中的"1000"代表 1 s。

③测试异常。

Java 中的异常处理也是一个重点,因此经常会编写一些需要抛出异常的函数。那么,如果觉得一个函数应该抛出异常,但是它没抛出,这算不算 Bug 呢? 这当然是 Bug,并且 JUnit 也考虑到了这一点,来帮助找到这种 Bug。例如,前面编写的计算器类有除法功能,如果除数是一个 0,就必然要抛出"除 0 异常"。因此,很有必要对这些进行测试,代码如下。

```
@ Test( expected = ArithmeticException.class)
public void divideByZero( ) {
    calculator.divide(0);
}
```

如上述代码所示,需要使用@ Test 标注的 expected 属性,将要检验的异常传递给它,这样 JUnit 就能自动检测是否抛出了指定的异常。

④Runner(运行器)。

大家有没有想过这个问题,当把测试代码提交给 JUnit 后,框架如何来运行代码呢? 答案就是 Runner。在 JUnit 中有很多个 Runner,它们负责调用测试代码,每个 Runner 都有各自的特殊功能,要根据需要选择不同的 Runner 来运行测试代码。可能读者会觉得奇怪,前面我们写了那么多测试,并没有明确指定一个 Runner 啊? 这是因为 JUnit 中有一个默认 Runner,如果没有指定,系统就自动使用默认 Runner 来运行代码。换句话说,下面两段代码的含义是完全一样的。

```
import org.junit.internal.runners.TestClassRunner;
import org.junit.runner.RunWith;
//使用了系统默认的 TestClassRunner,与下面代码完全一样
public class CalculatorTest{ ...}
//=====================//
@ RunWith( TestClassRunner.class)
public class CalculatorTest{ ...}
```

从上述例子可以看出,要想指定一个 Runner,需要使用@ RunWith 标注,并且把所指定的 Runner 作为参数传递给它。另外要注意的是,@ RunWith 是用来修饰类的,而不是用来修饰函数的,只要对一个类指定了 Runner,这个类中的所有函数就都被这个 Runner 来调用。最后,不要忘了包含相应的 Package。

⑤参数化测试。

读者可能遇到过这样的函数,它的参数有许多特殊值,或者说它的参数分为很多个区域,比如,一个对考试分数进行评价的函数,返回值分别为"优秀,良好,一般,及格,不及格",因此在编写测试的时候,至少要写 5 个测试,把这 5 种情况都包含了,这确实是一件

很麻烦的事情。这里还使用先前的例子,测试"计算一个数的平方"这个函数,暂且分正数、0、负数 3 类,测试代码如下。

```
import org.junit.Afterclass;
import org.junit.Before;
import org.junit.BeforeClass;
import org.junit.Test;
import static org.junit.Assert.*;

public class AdvancedTest {
    private static Calculator calculator = new Calculator();
    @Before
    public void clearCalculator() {
        calculator.clear();
    }

    @Test
    public void aquare1() {
        calculator.square(2);
        assertEquals(4,calculator.getResult());
    }

    @Test
    public void square2() {
        calculator.square(0);
        assertEquals(0,calculator,getResult());
    }

    @Test
    public void square3() {
        calculator.square(-3);
        assertEquals(9,calculator.getResult());
    }
}
```

为了简化类似的测试,JUnit 4 提出了"参数化测试"的概念,只写一个测试函数,把若干种情况作为参数传递进去,一次性完成测试,代码如下。

```java
import static org.junit.Assert.assertEquals;
import org.junit.Test;
import org.junit.runner.RunWith;
import org.junit.runners.Parameterized;
import org.junit.runners.Parameterized.Parameters;
import java.util.Arrays;
import java.util.Collection;
@RunWith(Parameterized.class)
public class SquareTest {
    private static Calculator calculator = new Calculator();
    private int param;
    private int result;
    @Parameters
    public static Collection data() {
        return Arrays.asList(new Object[][] {
            {2, 4},
            {0, 0},
            {-3, 9}});
    }
    public SquareTest(int param, int result) {
        this.param = param;
        this.result = result;
    }
    @Test
    public void square() {
        calculator.square(param);
        assertEquals(result, calculator.getResult());
    }
}
```

　　下面对上述代码进行分析。首先,要为这种测试专门生成一个新的类,而不能与其他测试共用同一个类,此例中定义了一个 SquareTest 类。然后,要为这个类指定一个 Runner,而不能使用默认的 Runner,因为特殊的功能要用特殊的 Runner,@RunWith (Parameterized.class)这条语句为这个类指定了一个 ParameterizedRunner。第三步,定义一个待测试的类,并且定义两个变量,一个用于存放参数,另一个用于存放期待的结果。接下来,定义测试数据的集合,也就是上述 data()方法,该方法可以任意命名,但是必须使用 @Parameters 标注。这个方法的框架不予解释了,大家只需要注意其中的数据是一个二维数组,数据两两一组,每组中的这两个数据,一个是参数,一个是预期的结果。比如第一组{2,4},2就是参数,4就是预期的结果。这两个数据的顺序无所谓,谁前谁后都可以。之后是构造函数,其功能是对先前定义的两个参数进行初始化。在这里要注意参数的顺序,要和上面数据集合的顺序保持一致。要是前面的顺序是{参数,期待的结果},那么构造函数的顺序也要是"构造函数{参数,期待的结果}",反之亦然。最后写一个简单的测试用例,和前面介绍过的写法完全一样,在此不再多说。

⑥打包测试。

通过前面的介绍可以感觉到,在一个项目中,只写一个测试类是不可能的,要写出很多个测试类。可是这些测试类必须一个一个地执行,也是比较麻烦的事情。鉴于此,JUnit提供了打包测试的功能,将所有需要运行的测试类集中起来,一次性运行完毕。具体代码如下。

```
import org.junit.runner.RunWith;
import org.junit.runners.Suite;

@RunWith(Suite.class)
@Suite.SuiteClasses({
    CalculatorTest.class,SquareTest.class
    })
Public class AllCaculatorTests{}
```

可以看出,这个功能也需要使用一个特殊的Runner,因此需要向@RunWith标注传递个参数Suite.class。同时,还需要另外一个标注@Suite.SuiteClasses,用来表明这个类是一个打包测试类,把需要打包的类作为参数传递给该标注就可以了。有了这两个标注之后,就已经完整地表达了所有含义,因此下面的类已经无关紧要了,随便起一个类名,内容全部为空即可。

习 题

1.JUnit的基本功能有哪些?
2.如何加入测试用例并查看测试结果?
3.请为"三角形类型判断"问题编写相应代码,并利用JUnit完成代码的测试。
4.请为"求第二天的日期"问题编写相应代码,并利用JUnit完成代码的测试。

第 10 章　功能测试

10.1　功能测试简介

功能测试,又称为黑盒测试或数据驱动测试,是把测试对象看作一个黑盒子。利用黑盒测试法进行动态测试时,需要测试软件产品的功能,不需测试软件产品的内部结构和处理过程。

采用黑盒技术设计测试用例的方法有:等价类划分、边界值分析、错误推测、因果图和综合策略。

黑盒测试注重于测试软件的功能性需求,也即黑盒测试使软件工程师派生出执行程序所有功能需求的输入条件。黑盒测试并不是白盒测试的替代品,而是用于辅助白盒测试发现其他类型的错误。

黑盒测试试图发现以下类型的错误:
①功能错误或遗漏。
②界面错误。
③数据结构或外部数据库访问错误。
④性能错误。
⑤初始化和终止错误。

10.2　功能测试流程

功能测试一般分 4 个步骤:测试计划、测试用例设计、测试用例执行以及测试报告。

10.2.1　测试计划

测试计划,主要是给后面的测试工作一些指南,包含的内容可能有:
(1)项目背景
略。
(2)测试目的
略。
(3)测试范围
略。
(4)测试资源
a.人力资源;
b.测试环境。

（5）测试策略

a.开始条件和结束条件；

b.测试种类；

c.测试工具。

（6）测试风险

a.测试过程的风险；

b.风险规避。

10.2.2　测试用例设计

测试用例的设计，往往会采用下述方法：

1）等价类划分方法

是把所有可能的输入数据，即程序的输入域划分成若干部分（子集），然后从每一个子集中选取少数具有代表性的数据作为测试用例。该方法是一种重要的，常用的黑盒测试用例设计方法。

（1）划分等价类

等价类是指某个输入域的子集合。在该子集合中，各个输入数据对于揭露程序中的错误都是等效的。并合理地假定：测试某等价类的代表值就等于对这一类其他值的测试。因此，可以把全部输入数据合理划分为若干等价类，在每一个等价类中取一个数据作为测试的输入条件，就可以用少量代表性的测试数据。取得较好的测试结果。等价类划分可有两种不同的情况：有效等价类和无效等价类。

①有效等价类：是指对于程序的规格说明来说是合理的，有意义的输入数据构成的集合。利用有效等价类可检验程序是否实现了规格说明中所规定的功能和性能。

②无效等价类：与有效等价类的定义恰巧相反。

设计测试用例时，要同时考虑这两种等价类。因为，软件不仅要能接收合理的数据，也要能经受意外的考验。这样的测试才能确保软件具有更高的可靠性。

（2）划分等价类的方法

下面给出六条确定等价类的原则。

①在输入条件规定了取值范围或值的个数的情况下，则可以确立一个有效等价类和两个无效等价类。

②在输入条件规定了输入值的集合或者规定了"必须如何"的条件的情况下，可确立一个有效等价类和一个无效等价类。

③在输入条件是一个布尔量的情况下，可确定一个有效等价类和一个无效等价类。

④在规定了输入数据的一组值（假定 n 个），并且程序要对每一个输入值分别处理的情况下，可确立 n 个有效等价类和一个无效等价类。

⑤在规定了输入数据必须遵守的规则的情况下，可确立一个有效等价类（符合规则）和若干个无效等价类（从不同角度违反规则）。

⑥在确知已划分的等价类中各元素在程序处理中的方式不同的情况下，则应再将该等价类进一步地划分为更小的等价类。

（3）设计测试用例

在确立了等价类后，可建立等价类表，列出所有划分出的等价类：

输入条件 有效等价类 无效等价类

然后从划分出的等价类中按以下三个原则设计测试用例：

①为每一个等价类规定一个唯一的编号。

②设计一个新的测试用例，使其尽可能多地覆盖尚未被覆盖的有效等价类，重复这一步。直到所有的有效等价类都被覆盖为止。

③设计一个新的测试用例，使其仅覆盖一个尚未被覆盖的无效等价类，重复这一步。直到所有的无效等价类都被覆盖为止。

2）边界值分析方法

边界值分析方法是对等价类划分方法的补充。

（1）边界值分析方法的考虑

长期的测试工作经验告诉我们，大量的错误是发生在输入或输出范围的边界上，而不是发生在输入输出范围的内部。因此针对各种边界情况设计测试用例，可以查出更多的错误。

使用边界值分析方法设计测试用例，首先应确定边界情况。通常输入和输出等价类的边界，就是应着重测试的边界情况。应当选取正好等于，刚刚大于或刚刚小于边界的值作为测试数据，而不是选取等价类中的典型值或任意值作为测试数据。

（2）基于边界值分析方法选择测试用例的原则

①如果输入条件规定了值的范围，则应取刚达到这个范围的边界的值，以及刚刚超越这个范围边界的值作为测试输入数据。

②如果输入条件规定了值的个数，则用最大个数，最小个数，比最小个数少一，比最大个数多一的数作为测试数据。

③根据规格说明的每个输出条件，使用前面的原则①。

④根据规格说明的每个输出条件，应用前面的原则②。

⑤如果程序的规格说明给出的输入域或输出域是有序集合，则应选取集合的第一个元素和最后一个元素作为测试用例。

⑥如果程序中使用了一个内部数据结构，则应当选择这个内部数据结构的边界上的值作为测试用例。

⑦分析规格说明，找出其他可能的边界条件。

3）错误推测方法

错误推测法：基于经验和直觉推测程序中所有可能存在的各种错误，从而有针对性地设计测试用例的方法。

错误推测方法的基本思想：列举出程序中所有可能有的错误和容易发生错误的特殊情况，根据他们选择测试用例。例如，在单元测试时曾列出的许多在模块中常见的错误。以前产品测试中曾经发现的错误等，这些就是经验的总结。还有，输入数据和输出数据为

0 的情况。输入表格为空格或输入表格只有一行。这些都是容易发生错误的情况。可选择这些情况下的例子作为测试用例。

4）因果图方法

前面介绍的等价类划分方法和边界值分析方法，都是着重考虑输入条件，但未考虑输入条件之间的联系，相互组合等。考虑输入条件之间的相互组合，可能会产生一些新的情况。但要检查输入条件的组合不是一件容易的事情，即使把所有输入条件划分成等价类，他们之间的组合情况也相当多。因此必须考虑采用一种适合于描述对于多种条件的组合，相应产生多个动作的形式来考虑设计测试用例。这就需要利用因果图（逻辑模型）。

因果图方法最终生成的就是判定表。它适合于检查程序输入条件的各种组合情况。

利用因果图生成测试用例的基本步骤：

①分析软件规格说明描述中，那些是原因（即输入条件或输入条件的等价类），那些是结果（即输出条件），并给每个原因和结果赋予一个标识符。

②分析软件规格说明描述中的语义。找出原因与结果之间，原因与原因之间对应的关系。根据这些关系，画出因果图。

③由于语法或环境限制，有些原因与原因之间，原因与结果之间的组合情况不可能出现。为表明这些特殊情况，在因果图上用一些记号表明约束或限制条件。

④把因果图转换为判定表。

⑤把判定表的每一列拿出来作为依据，设计测试用例。

从因果图生成的测试用例（局部，组合关系下的）包括了所有输入数据的取 TRUE 与取 FALSE 的情况，构成的测试用例数目达到最少，且测试用例数目随输入数据数目的增加而线性地增加。

5）判定表驱动分析方法

前面因果图方法中已经用到了判定表。判定表（DecisionTable）是分析和表达多逻辑条件下执行不同操作的情况下的工具。在程序设计发展的初期，判定表就已被当作编写程序的辅助工具了。由于它可以把复杂的逻辑关系和多种条件组合的情况表达得既具体又明确。

判定表通常由 4 个部分组成。

①条件桩（ConditionStub）：列出了问题的所有条件。通常认为列出的条件的次序无关紧要。

②动作桩（ActionStub）：列出了问题规定可能采取的操作。这些操作的排列顺序没有约束。

③条件项（ConditionEntry）：列出针对它左列条件的取值。在所有可能情况下的真假值。

④动作项（ActionEntry）：列出在条件项的各种取值情况下应该采取的动作。

规则：任何一个条件组合的特定取值及其相应要执行的操作。在判定表中贯穿条件项和动作项的一列就是一条规则。显然，判定表中列出多少组条件取值，也就有多少条规则,即条件项和动作项有多少列。

判定表的建立步骤:(根据软件规格说明)

①确定规则的个数。假如有 n 个条件。每个条件有两个取值(0,1),故有种规则。

②列出所有的条件桩和动作桩。

③填入条件项。

④填入动作项。

⑤简化。合并相似规则(相同动作)。

Beizer 指出了适合使用判定表设计测试用例的条件:

①规格说明以判定表形式给出,或很容易转换成判定表。

②条件的排列顺序不会也不影响执行哪些操作。

③规则的排列顺序不会也不影响执行哪些操作。

④每当某一规则的条件已经满足,并确定要执行的操作后,不必检验别的规则。

⑤如果某一规则得到满足要执行多个操作,这些操作的执行顺序无关紧要。

习　题

1.功能测试的测试计划包含哪些内容?

2.判定桩的建立步骤是怎样的?

3.作为一名测试人员,必要的素质要求有哪些?

4.详细描述功能测试活动完整的过程。

第 11 章　缺陷管理

软件缺陷管理的一个核心内容就是对软件缺陷生命周期进行管理,缺陷生命周期控制方法是软件缺陷生命周期内设置几种状态,测试员、程序员、管理员从每一个缺陷产生开始,通过对这几种状态的控制和转换,管理缺陷的整个生命历程,直到它走入终结状态。

11.1　缺陷管理工具——Bugzilla

Bugzilla 是 Mozilla 公司提供的一个开源的缺陷管理工具,拥有大量的用户群体。作为一个产品缺陷记录及跟踪工具,它能够为软件组织建立一个完善的缺陷跟踪体系,包括报告 Bug、查询 Bug、记录 Bug 记录并产生报表处理解决、管理员系统初始化和设置等。

11.1.1　Bugzilla 的特点

Bugzilla 具有如下特点:

①基于 Web 方式,安装简单、运行方便快捷、管理安全。

②有利于缺陷的清楚传达。本系统使用数据库进行管理,提供全面详尽的报告输入项,产生标准化的 Bug 报告。提供大量的分析选项和强大的查询匹配能力,能根据各种条件组合进行 Bug 统计。当错误在它的生命周期中变化时,开发人员、测试人员及管理人员将及时获得动态的变化信息,允许你获取历史纪录,并在检查错误的状态时参考这一记录。

③系统灵活,强大的可配置能力。Buzilla 工具可以对软件产品设定不同的模块,并针对不同的模块设定制定的开发人员和测试人员;这样可以实现提交报告时自动发给指定的责任人;并可设定不同的小组,权限也可划分。设定不同的用户对 Bug 记录的操作权限不同,可有效控制进行管理。允许设定不同的严重程度和优先级可以在错误的生命期中管理错误,从最初的报告到最后的解决,确保了错误不会被忽略,同时可以使注意力集中在优先级和严重程度高的错误上。

④自动发送 E-mail,通知相关人员。根据设定的不同责任人,自动发送最新的动态信息,有效地帮助测试人员和开发人员进行沟通。

Bugzilla 具有如下功能:

①强大的检索功能。

②用户可通过 E-mail 公布 Bug 变更。

③记录历史变更。

④通过跟踪和描述处理 Bug。

⑤附件管理。

⑥完备的产品分类方案和细致的安全策略。

⑦安全的审核机制。

⑧强大的后端数据库支持。

⑨Web,Xml,E-mail 和控制界面。

⑩友好的网络用户界面。

⑪丰富多样的配置设定。

⑫版本间向下兼容。

11.1.2　Bugzilla 的缺陷处理流程

Bugzilla 的缺陷处理流程包括以下步骤：

①测试人员或开发人员发现缺陷后,判断属于哪个模块的问题,填写缺陷报告后,通过 E-mail 通知项目组长或直接通知开发者。

②项目组长根据具体情况,将缺陷分配给开发人员。

③开发人员收到邮件后,判断是否为自己的修改范围。

若不是,重新分配给项目组长或者直接发给应该负责的开发人员;若是,进行处理,解决缺陷并给出解决方案。

④测试人员查询开发者已修改的缺陷,进行回归测试。

经验证无误后,将缺陷状态修改成已修复,待产品发布后,修改为关闭。

验证后还有问题,状态修改为重新打开,并邮件发送给相关人员。

⑤如果一个缺陷一周没有被处理,Bugzilla 就会一直通过邮件发给宿主,直到缺陷被处理为止。

11.1.3　Bugzilla 的基本操作

1) 创建账户

在安装好的 Bugzilla 的主页头部单击"New Account"链接,输入 E-mail 地址(自己可以收到邮件),单击"Send"(发送)按钮。

稍后用户会收到一封包含登录名的电子邮件,登录名一般都是电子邮件地址,单击邮件中的确认链接。

一旦用户点击确认注册,系统就会要求用户输入真实姓名和密码,其中真实姓名是可选项,根据用户安装软件的配置不同,密码的复杂度要求也不一样。

以上信息完善后,就可以通过用户名和密码登录 Bugzilla。

2) 录入缺陷

单击"New"或者"File a Bug"按钮。

选择发现 Bug 的项目。

现在可以看到一个填写 Bug 详细信息的表单。在表单中需要填写 Bug 所在软件模块(Component)、软件版本(Version)、软件运行操作系统(OS)和平台(Platform)、Bug 的严重等级（Severity）等内容，还需要在"Summary"文本框中填写对 Bug 的概述性描述，在"Description 文本框中描述清楚导致 Bug 的详细操作步骤及期望出现的正确结果。如果该 Bug 必须在其他 Bug 修改以后才能修改，就在"Depends on"（依赖）文本框中填写那个 Bug 的编号；如果该 Bug 影响其他 Bug 的修改，就在"Blocks"（阻碍）文本框中填写被影响的 Bug 的编号。

最后重新审视填写的 Bug 信息，确认没有拼写错误（关键词的错误拼写可能导致开发人员无法搜索到该 Bug），没有遗漏重现 Bug 所需要的重要信息，确保问题的描述清晰明了。然后单击"提交"按钮将 Bug 录入数据库中。Bugzilla 会自动发送邮件通知负责处理 Bug 的人员。

如果新发现的 Bug 与历史某个 Bug 类似，也可以直接在历史 Bug 页面上单击"克隆"按钮，就新生成的 Bug 信息填写表单中会自动填上历史 Bug 的信息，只需要修改一下必要的内容提交即可。

3）处理 Bug

Bug 的修复人员在处理完 Bug 后，进入 Bugilla 的 Bug 管理界面，选择处理完成的 Bug，填写解决方式和其他说明信息。

Bug 的解决方式有以下几种：

①FIXED：问题已经修复。

②DUPLICATE：描述的问题与以前的某个 Bug 重复。

③WONTFIX：描述的问题将永远不会被修复。

④WORKSFORME：无法重现 Bug。

⑤INVALID：描述的问题不是个 Bug。

⑥LATER：描述的问题将不会在产品的这个版本中解决。

4）查询 Bug

（1）快速查询

快速查询是个文本框查询工具，可以在 Bugzilla 的头部和底部找到它。快速查询使用元字符描述被查找的内容，例如输入"foo|bar"可以查询 Summary 和状态面板中含有"foo"或"bar"的 Bug，再加上"ExampleProduc"可以将查询范围限定在 ExmpleProduct 项目内。用户也可以直接输入 Bug 的编号或者别名进入特定的 Bug 页面。

（2）简单查询

Bugzilla 允许像互联网搜索引擎那样的简单查询——输入几个关键词即可搜索出相关内容。

（3）高级查询

高级查询中一个 Bug 的所有字段信息都可作为查询条件，对于某些字段，可以选择多个值，这时 Bugzilla 会返回与任一值匹配的 Bug 记录。如果未选择任何值，就会返回与该字段所有可能值相匹配的 Bug 记录。

某个查询执行后，可将其保存下来，成为一个"保存查询（Saved Search）"，显示在查询页的页脚处。如果保存查询的用户在"查询共享组（queryshareqroup）"中，就能将该保存查询分享给其他用户使用。

5）生成报表

除了标准的 Bug 列表，Bugzilla 还提供另外两种展示 Bug 集的方式——报表和图表。

报表显示了查询结果中 Bug 集的当前状态。例如当用户执行查询，找出某个项目的所有 Bug 后，可使用报表来显示各模块中 Bug 的严重程度分布状况，从而发现哪些模块的质量存在严重问题。生成的报表可以在 HTML 表格、条形图、折线图和饼图之间切换展现方式（注意饼图仅在未定义 y 轴的时候才能切换）。

图表显示了过去一段时间 Bug 集的状态变化情况。用户可以从已有的数据集列表中选择一些数据集并单击"Add To List"（加入列表）按钮来创建图表，每个数据集是图表中的一条线。用户可以定义每个数据集的图例，也能对一些数据集求和（比如可以将某个项目中 RESOLVED、VERIFIED 和 CLOSED 的数据集求和来表示项目中已被解决的 Bug）。如果错误添加了某些数据集，可以单击"Remove"（移除）按钮来移除不想要的数据集。如果想要新建数据集，可以在创建图表页面上单击"新建数据集"链接，通过定义查询条件让 Bugzilla 了解如何绘制图表。在页面底部可以定义数据集的分类、子分类和名称。默认创建的数据集是私有的，7 天采集汇总一次数据。如果用户拥有足够的权限，就可以将数据集设为公有，并调整数据采集频率。

11.2 问题跟踪软件——JIRA

跟踪并管理在项目开发和维护过程中出现的问题（如：缺陷、新特性、任务、改进等）是项目管理很重要的任务，但是很少有团队能做得很好。JIRA 作为一个专业的问题跟踪系统可以帮助您把缺陷管理起来，让跟踪和管理在项目中发现的问题变得简单，而且充分利用 JIRA 的灵活配置和扩展特性，可以将 JIRA 作为一个项目管理系统或者 IT 支持系统。

JITA 的官方网站：http://www.atlassian.com/software/jira/overview。

11.2.1 JIRA 的特点

1）灵活的工作流定制

JIRA 提供用于缺陷管理的默认工作流。工作流可以自定义，并且数量不限。每个工作流可以配置多个自定义动作和自定义状态。每一个问题类型都可以单独设置或共用工作流。可视化工作流设计器，使工作流配置更加直观。自定义工作流动作的触发条件，工作流动作执行后，自动执行指定的操作。

2）管理缺陷，新特性，任务，改进或者其他任何问题

自定义问题类型，适应组织管理的需要。自定义安全级别，可以限制指定用户访问指定的问题（区域）。如果一个问题需要多人协作，那么可以将问题分解为多个子任务，分

配给相关人员(用户)。

3)人性化使用的用户界面

可以在面板中添加任何 OpenSocial 规范的小工具。可以简单地创建、复制、生成多个面板,分别管理不同的项目。面板布局非常灵活。

4)全文搜索和强大的过滤器

快速查询,输入关键字,可马上显示符合条件的结果。简单查询,只需点选,就可以将所有条件组合,查询出符合条件的问题。查询条件可以保存为过滤器,并能共享给其他用户。支持 JQL 搜索语言,可以使用"menbersOf"之类的函数,支持自动补全。

除了以上特点外,JIRA 还有以下特点:

①企业级的权限和安全控制。

②非常灵活的邮件通知配置。

③方便扩展及与其他系统集成:包括 E-mail、LDAP 和源码控制工具等。

④可以创建子任务。

⑤丰富的插件库。

⑥项目类别和组件/模块管理。

⑦可以在几乎所有硬件,操作系统和数据库平台运行。

11.2.2　缺陷跟踪操作

1)录入 Bug

确保当前登录用户拥有创建 Bug 的权限,如果没有、可以联系管理员添加。单击航栏中的"Create"(创建)按钮,打开创建 Bug 对话框,在对话框右上角的"Configure fields"中全选所有字段后,在对话框中将显示所有字段。

①Project:Bug 所在项目。

②Issue Type:问题类型,取值可以是 Bug、New Feature、Story 等。

③Summary:一句话概述 Bug 内容。

④Reporter:Bug 的上报者。

⑤Components:Bug 所在项目的组件。

⑥Description:对 Bug 的详细描述,包括发现 Bug 的操作步骤、出现的问题、期望结果等。

⑦Priority:Bug 优先级,取值包含 Highest、Low、High、Medum 和 Lowest。

⑧Labels:选择依赖或者被依赖的 Bug。

⑨Assignee:负责解决 Bug 的人。

⑩Epic Link:Bug 所属的 Epic。

⑪Sprint:Bug 所属的 Spint。

2)处理 Bug

开发人员查看分配给自己的 Bug,处理完成后填写 Bug 的处理情况,处理结果包含几类。

①Fixed：已修复。

②Later：在以后的版本中修复。

③Invalid：描述的问题不是一个缺陷。

④Won't Fix：该 Bug 将不会被修复。

⑤Duplicate：描述的问题与以前的某个 Bug 重复。

⑥Cannot Reproduce：不能重复该 Bug。

11.2.3　查询操作

JIRA 拥有强大有效的查询功能。用户可以使用不同的查询方式通过项目、版本和组件 Bug。查询条件可以保存下来作为过滤器以备下次使用，并能将过滤器和他人共享。

JIRA 有如下查询方式。

1）基础查询

基础查询提供了个用户友好的接口，用于快速查找 Bug。查询时，JIRA 会在后台执行 JQL。单击"More"（更多）按钮可以增加查找字段，在各字段中可以设置相应的查找值。在"Contains text"文本框中可以输入关键词，用于匹配任何包含该关键词的 Bug。所有能输入文本的过滤条件都支持通配符搜索，例如匹配任意单个字符"te？t"，匹配多个字符"Ii＊"，布尔运算"bird|fish"。单击"搜索"按钮后页面即会展示符合条件的搜索结果。

2）快速查询

导航栏的右侧提供一个快速搜索框，输入几个关键词就可以匹配到当前项目中对应的 Bug。除此以外，输入某些特殊关键词可以出现下拉列表供用户选择，输入"My"就可以匹配到分配给当前用户的所有 Bug。

其他一些特殊关键词如下所述：

①r:me：查找当前登录用户报告的 Bug。

②rabc：查找由用户 abc 上报的 Bug。

③r.none：查找没有上报者的 Bug。

④<project name>或<project key>：查找指定项目名或项目代号中的 Bug。

⑤Overdue：查找当天已过期的 Bug。

⑥Created、updated、due：查找在某个日期范围内创建、更新或到期的 Bug。日期范围可以使用 today、tormorow、yesterday、单个日期范围（如"-1w"）、两个日期范围（如"-1w，lw"）。日期范围间不能有空格。时间单位编写包括 w（周）、d（日）、h（时）、m（分）。

⑦C：查找指定组件中的 Bug。

⑧V：查找指定版本中的 Bug。

⑨Ff：查找指定的修复版本中的 Bug。

⑩＊：通配符，可以用在上面每个查询中。

3）高级查询

高级查询允许用户通过构造查询语句来查找 Bug。一个简单的 JIRA 查询语句（JQL）包括字段、操作符及值或函数，例如 Project = "TEST"用来查找 TEST 项目中的 Bug 字段。包含 issueKey、Affected Version、Assignee、Attachments、Category、Comment、Created、Creator、Description、is 及 is not 等，操作符包括 = 、! = 、< = 、> = 、>、<、not in、in、~（包含）、! ~（不包含）、is 及 isnot 等。

11.2.4　生成报表

JIRA 为每个项目提供了各种不同的报表，帮助分析项目的进度、Bug、时间线、资源使用情况等。JIRA 将报表分成敏捷、缺陷分析、预测与管理和其他 4 类。

1）敏捷

①燃尽图（Burm down Chart）：跟踪剩余工作量及监控迭代（Sprint）是否达到了项目预期。

②迭代图（Sprint Chart）：跟踪每次迭代中已完成或驳回的工作。

③速度图（Velocity Chart）：跟踪每次迭代中完成的工作量。

④累积流图（Cumulative Flow Diagram）：显示过去一段时间中的缺陷状态，帮助识别高风险和未解决的重要缺陷。

⑤版本报表（Version Report）：跟踪一个版本的预期发布日期。

⑥史诗报表（Epic Report）：显示过去一段时间内一个史诗（Epic）的完成进度。

⑦控制图（Control Chart）：显示项目、项目版本、项目迭代的周期时间，帮助确定当前的进度数据能否用于决定将来的表现。

⑧史诗燃尽图（Epic Bur Down）：跟踪完成一个史诗所需的预期迭代数量。

⑨发布燃尽图（Release Burm Down）：跟踪一个版本的预期发布日期，帮助监控当前版本能否按时发布，以在进度落后的情况下采取相应的措施。

2）缺陷分析

①平均年龄报表（Average Age Report）：显示未解决缺陷的平均存在天数。

②缺陷解决情况报表（Created Vs Resolved Issue Report）：显示给定时段内的缺陷上报数量和解决数量。

③饼图报表（Pie chart Report）：显示指定字段不同取值时的缺陷数量分布。

④近期上报缺陷报表（Recently Created Issue Report）：显示一个项目过去一段时间内上报的缺陷数量以及其中被解决的数量。

⑤缺陷解决时间报表（Resolution Time Report）：显示缺陷被解决所花费的平均时间。

⑥单级分组报表（Single Level Group by Report）：对查询结果按某一字段分组，并可查看每组的综合状态。

⑦时段缺陷数量报表（Time Since Issues Report）：跟踪过去段时间内缺陷被创建、更新、解决的数量。

3）预测与管理

①时间跟踪报表（Time Tracking Report）：显示当前产品中缺陷的时间跟踪信息，显示特定缺陷的初始时间和当前时间估计，以及它们是否超前或滞后于初始的计划。

②用户工作量报表（User Workload Report）：显示分配给某一用户的所有未解决缺陷所需解决时间的预估，帮助了解用户当前的工作量是否过多或过少。

③版本工作量报表（Version Workload Report）：显示某产品版本的当前工作量信息。对于一个特定版本，该报表显示每个用户和每个缺陷的剩余工作量，帮助了解该版本的剩余工作量。

4）其他

工作量饼图报表（Workload Pie Chart Report）：用饼图显示特定项目中所有缺陷所需时间的分布情况。可以指定缺陷所需时间的不同估计方式，包括当前估计、初始估计和实际花费时间以及需要分组统计的字段名。

11.2.5　系统设置

以管理员身份登录成功后，需要进行系统设置，点击右上角 Administration，提示用管理员身份进行管理。

1）通用设置

系统的基本信息虽然在安装完成后的向导中进行了设置，但是还可能在后期进行调整，打开导航栏 System-General Configuration，可以设置系统标题，语言属性和一些 issue 细节设置等。

2）邮件配置

任务管理系统最重要的在于实时提醒功能，在任务状态改变时，任务分配给相应人员时都要有邮件提醒，下面就对 JIRA 中的邮件配置进行介绍。

以管理员身份登录，单击导航栏 System→Mail 选项对邮件选项进行设置。

显示 5 个页签，最重要的就是 Outgoing Mail 页签，设置默认的 SMTP Mail Server 选项，这里我们在本机建立一个 Mail Server，设定完 host name，smtp server，超时时间以及用户和密码后，可以用 Send E-mail 页签进行邮件发送测试，以测试邮件服务器设置是否成功。

习　题

一、选择题

1.在 JIRA 系统中，哪里可以查看到上线单？（　　　）

　　A.收藏项目仪表盘，在仪表盘中查看　　　　　B.我的报告

　　C.版本描述

2.开发人员提测后,测试人员根据(　　)部署测试环境的 SQL 和配置项。

  A.开发人员的微信通知　　　　　　　　B.开发人员的口头告知

  C.Confuence 的部署清单　　　　　　　　D.Jira 中的备注说明

3.以下哪个 JIRA 概念对应集成计划中的具体任务项?(　　)

  A.问题(issue)　　　　　　　　　　　　B.问题类型(issue type)

  C.计划(plan)　　　　　　　　　　　　　D.项目(project)

4.在 JIRA 中,新核心项目群集成计划不同层级的任务通过某种方式进行挂接,以下哪些层级任务的挂接方式是正确的?(　　)

  A.故事通过史诗链接(epic link)挂接到史诗

  B.故事通过父链接(parent link)挂接到史诗

  C.史诗通过史诗链接(epic link)挂接到主题

  D.史诗通过父链接(parent link)挂接到主题

5.在 JIRA 中,问题(issue)根据工作流(workflow)中的定义进行流转,以下哪项中的概念是 JIRA 工作流的主要构成要素?(　　)

  A.优先级(priority)和状态(status)

  B.状态(status)和转换(transition)

  C.状态(status)和解决结果(Resolution)

  D.解决结果(Resolution)和转换(transition)

6.以下哪个 JIRA 字段(field)代表了新核心项目群集成计划中的预计结束时间?(　　)

  A.到期日(Due date)　　　　　　　　　B.Target end

  C.Planned end　　　　　　　　　　　　D.解决日期(Resolved)

二、思考题

1.JIRA 能和源代码管理工具集成吗?

2.JIRA 的扩展性如何?

3.软件开发过程中为什么要进行缺陷跟踪?

第 12 章 软件测试项目管理

在软件产品进入理性化竞争的今天,各个企业都在强调软件质量。在这样的大环境下,强调软件测试、突出软件测试管理、对软件项目分离出软件测试子项目,并进行项目管理。如果项目管理工作到位,将产生事半功倍的效果。

12.1 软件测试项目管理概述

软件测试项目存在的最常见的现象就是不能使客户满意,原因体现在多个方面。而解决这些问题需要运用项目管理的方法和理论进行指导。从知识领域上来说,项目管理包含整体管理、范围管理、质量管理、时间管理、沟通管理、成本管理、人力资源管理、风险管理、采购管理等 9 大知识体系。软件测试则涉及客户、开发人员、测试人员三方的沟通交流。现代项目管理工具提供了项目管理理念和方法,可以使我们更加方便地完成项目管理的过程控制,进度、费用跟踪。软件测试工具在适合的项目中,可以大大减少工作量,并保证测试结果的准确性。

12.1.1 软件测试项目

软件测试项目是在一定的组织机构内,利用有限的人力和财力等资源,在指定的环境和要求下,对特定软件完成特定测试目标的阶段性任务。该任务应满足一定质量、数量和技术指标等要求。

软件测试项目一般具有如下一些基本特性。

①项目的独特性。

②项目的组织性。

③测试项目的生命期。

④测试项目的资源消耗特性。

⑤测试项目目标冲突性。

⑥测试项目结果的不确定因素。

软件测试项目范围管理就是界定项目所必须包含且只需包含的全部工作,并对其他的测试项目管理工作起指导作用,以确保测试工作顺利完成。

项目目标确定后,下一步过程就是确定需要执行哪些工作,或者活动来完成项目的目标,这就是要确定一个包含项目所有活动在内的一览表。准备这样的一览表通常有两种方法:一种是让测试小组利用"头脑风暴法"根据经验,集思广益来形成。这种方法比较适合小型测试项目。另一种是对更大更复杂的项目建立一个工作分解结构 WBS 和任务的一览表。工作分解结构是将一个软件测试项目分解成易于管理的更多部分或细目,所有这些细目构成了整个软件测试项目的工作范围。工作分解结构是进行范围规划时所使用的重要工具和技术之一,它是测试项目团队在项目期间要完成或生产出的最终细目的等级树,它组织并定义了整个测试项目的范围,未列入工作分解结构的工作将排除在项目范围之外。

进行工作分解是非常重要的工作,它在很大程度上决定项目能否成功。对于细分的所有项目要素需要统一编码,并按规范化进行要求。这样,WBS 的应用将给所有的项目管理人员提供一个一致的基准,即使项目人员变动时,也有一个互相可以理解和交流沟通的平台。

12.1.2　软件测试项目管理

软件测试项目管理就是以测试项目为管理对象,通过一个临时性的专门的测试组织,运用专门的软件测试知识、技能、工具和方法,对测试项目进行计划、组织、执行和控制,并在时间成本、软件测试质量等方面进行分析和管理活动。(一种高级管理方法)测试项目管理贯穿整个测试项目的生命周期,是对测试项目的全过程进行管理。

软件测试项目管理有以下基本特征:

①系统工程的思想贯穿测试项目管理的全过程。

②测试项目管理的组织有一定的特殊性。

③测试项目管理的要点是创造和保持一个使测试工作顺利进行的环境,使置身于这个环境中的人员能在集体中协调工作以完成预定的目标。

④测试项目管理的方法、工具和技术手段具有先进性。

1)软件项目管理的定义

软件项目管理是软件工程和项目管理的交叉学科,软件项目管理的概念涵盖了管理软件产品开发所必需的知识、技术及工具。根据美国项目管理协会 PMI 对项目管理的定义可以将软件项目管理定义为:在软件项目活动中运用一系列知识、技能、工具和技术,以满足软件需求方的整体要求。

软件工程的活动包括问题定义、可行性研究、需求分析、设计、实现、确认、支持等,所有这些活动都必须进行管理,软件项目管理贯穿软件工程的演化过程之中,如图 12.1所示。

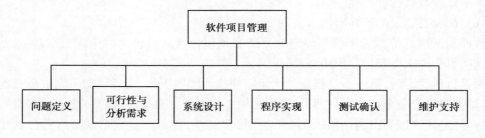

图 12.1　软件工程的演化过程

2）软件项目管理的过程

为保证软件项目获得成功,必须清楚其工作范围、要完成的任务、需要的资源、需要的工作量、进度的安排、可能遇到的风险等。软件项目的管理工作在技术工作开始之前就应开始,而在软件从概念到实现的过程中继续进行,且只有当软件开发工作最后结束时才终止。管理的过程分为如下几个步骤:

（1）启动软件项目

启动软件项目是指必须明确项目的目标和范围、考虑可能的解决方案以及技术和管理上的要求等,这些信息是软件项目运行和管理的基础。

（2）制订项目计划

软件项目一旦启动,就必须制订项目计划。计划的制订以下面的活动为依据。具体包括以下内容:

①估算项目所需要的工作量。

②估算项目所需要的资源。

③根据工作量制订进度计划,继而进行资源分配。

④做出配置管理计划。

（3）跟踪及控制项目计划

在软件项目进行过程中,严格遵守项目计划,对于一些不可避免的变更,要进行适当的控制和调整,但要确保计划的完整性和一致性。

（4）评审项目计划

对项目计划的完成程度进行评审,并对项目的执行情况进行评价。

（5）编写管理文档

项目管理人员根据软件合同确定软件项目是否完成。项目一旦完成,则检查项目完成的结果和中间记录文档,并把所有的结果记录下来形成文档而保存。

3）软件项目管理的内容

软件项目管理的内容涉及上述软件项目管理过程的方方面面,概括起来主要有如下几项。

（1）软件项目需求管理

软件需求是软件工程过程中的重要一环,是软件设计的基础,也是用户和软件工程人员之间的桥梁。简单地说,软件需求就是确定系统需要做什么,严格意义上,软件需求是系统或软件必须达到的目标与能力。

①目标

需求管理是一种获取、组织并记录软件需求的系统化方案,同时也是一个使客户与项目开发组对不断变更的软件需求达成并保持一致的过程。在需求管理中,软件工程组的工作是采取适当的措施来保证分配的需求,即要将分配的需求文档化,控制需求的变化,负责项目实施过程中需求的实现情况。需求管理的目的是在客户和处理客户需求的软件项目组之间建立对客户需求的共同理解。需求管理的目标有两个：

a.使软件需求受控,并建立供软件工程和管理使用的需求基线。

b.使软件计划、产品和活动与软件需求保持一致。

在需求管理过程,为实现第一个目标,必须控制需求基线的变动,按照变更控制的标准和规范的过程进行需求变更控制和版本控制;为实现第二个目标,必须就变更和软件项目各小组达成共识,对软件项目计划做出调整,其中包括人员的安排、用户的沟通、成本的调整、进度的调整等。

②原则。

为进行有效的需求管理,一般要遵循如下 5 条原则:

a.需求一定要分类管理。进行软件项目管理的时候,一定要将软件需求分出层次。不同层次需求的侧重点、描述方式、管理方式是不同的。

b.需求必须分优先级。在软件项目中,如果出现过多的需求,通常会导致项目超出预算和预定进度,最终导致软件项目的失败,因而需求的优先级可能比需求本身更加重要。

c.需求必须文档化。需求必须有文档记录。该文档必须是正确的、最新的、可管理的、可理解的,是经过验证的,是在受控的状态下变更的。

d.需求一旦变化,就必须对需求变更的影响进行评估。无论需求变化的程度如何,只要需求变化了就必须进行评估,这是基本的原则。

e.需求管理必须与需求工程的其他活动紧密整合。

进行需求管理一定不能脱离需求工程,需求工程包括了需求获取、需求分析、需求描述、需求验证、需求管理,因而需求管理必须与前面的几个需求阶段保持密切相关。

③需求管理活动。

需求管理在需求开发的基础上进行,贯穿整个软件项目过程,是软件项目管理的一部分。在软件项目进行的过程中,无论正处于哪个阶段,一旦有需求错误出现或任何有关需求的变更出现,都需要需求管理活动来解决。需求管理是一个对系统需求变更了解和控制的过程。初始需求导出的同时就启动了需求管理规划,一旦形成了需求文档的草稿版本,需求活动就开始了。需求活动的具体内容见表 12.1。

表 12.1 需求管理活动

需求管理活动	活动的任务
变更控制	建议需求变更并分析其影响,做出是否变更的决策
版本控制	确定单个需求和 SRS(即功能规格说明)的版本
需求跟踪	定义对于其他需求及系统元素的联系链
需求状态	定义并跟踪需求的状态

④需求管理质量保证。

需求验证过程。需求验证很重要,如果在构造设计开始之前,通过验证基于需求的测试计划和原型测试,验证需求的正确性及其质量,就能大大减少项目后期的返工现象。需求验证可按以下步骤进行:审查需求文档→依据需求编写测试用例→编写用户手册→确定合格的标准。

验证的内容。在需求验证过程中,要对需求文档中定义的需求执行多种类型的检查。

a.有效性检查——对于每项需求都必须证明它是正确有效的,确实能解决用户面对的问题。

b.一致性检查——在需求文档中,需求不应该冲突,即对同一个系统功能不应出现不同的描述或相互矛盾的约束。

c.完备性检查——需求文档应该包括所有系统用户想要的功能和约束。

d.现实性检查——检查需求以保证能利用现有技术实现。

e.可检验性检查——描述的需求能够实际测试。

f.可跟踪性检查——需求的出处被清晰地记录,每一系统功能都能被跟踪到要求它的需求集合,每一项需求都能追溯到特定用户的要求。

g.可调节性检查——需求变更能够不对其他系统带来大规模的影响。

h.可读性检查——需求说明能否被系统购买者和最终用户读懂。

需求评审。需求分析完成后,应由用户和系统分析员共同进行需求评审。鉴于需求规格说明是软件设计的基础,需求评审需要有客户方和承包商方的人员共同参与,检查文档中的不规范之处和遗漏之处。

(2)软件项目估算与进度管理

①软件项目估算。

软件项目估算包括工作量估算和成本估算两个方面。软件估算作为软件项目管理的一项重要内容,是确保软件项目成功的关键因素。估算是指通过预测构造软件项目所需要的工作量的过程。初步的估算用于确定软件项目的可行性,详细的估算用于指导项目计划的制定。

②软件规模。

工作分解结构。对软件项目进行估算遇到的第一个问题就是软件规模,即软件的程序量。软件规模是软件工作量的主要影响因素。软件项目的设计有一个分层结构,这一分层结构就对应着工作分解结构(WBS, Work Breakdown Structure),它将软件过程和软件产品结构联系起来。图12.2是一个典型的WBS结构。

有了工作分解结构之后,还必须定义度量标准用以对软件规模进行估计。常用的软件规模度量标准有两种:代码行(LOC, Lines of Code)和功能点(FP, Function Points)。

代码行。代码行LOC是常用的源代码程序长度的度量标准,指源代码的总行数。源代码中除了可执行语句外,还有帮助理解的注释语句。

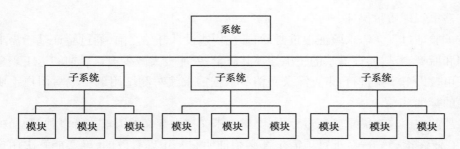

图 12.2　典型的 WBS 结构

功能点。功能点度量是在需求分析阶段基于系统功能的一种规模估计方法,该方法通过已经初始应用需求来确定各种输入、输出、查询、外部文件和内部文件的数目,从而确定功能点数量。

③软件项目成本估算。

成本估算是对完成软件项目所需费用的估计和计划,是软件项目计划中的一个重要组成部分。

成本估算步骤如下:建立目标→规划需要的数据和资源→确定软件需求→拟定可行的细节→运用多种独立的技术和原始资料→比较并迭代各个估算值→随访跟踪。

④软件项目进度管理。

制订项目计划。项目计划在项目开始的时候制订,并随着项目的进展不断发展。软件项目计划的要素包括目标、合理的概念设计、工作分解结构、规模设计、工作量估计和项目进度安排。项目计划为管理者提供了根据计划定期评审和跟踪项目进展的基础。

进度安排。在确定了项目的资源(总成本及时间等)后,把其分配到各个项目开发阶段中,即确定项目的进度。项目各阶段的工作量可以参考表 12.2。

表 12.2　项目各阶段的工作量

项目阶段	工作量/%
概念设计	3.49
详细设计	11.05
编码和单元测试	23.17
集成测试	27.82
软件验证	34.47

项目整体进度安排的过程如下:

a.根据项目总体进度目标,编制人员计划。

b.将各阶段所需要的资源和可以取得的资源进行比较,确定各阶段的初步进度,然后确定整个项目的初步进度。

c.对初步进度计划进行评审,确保该计划满足要求,否则就重复上面的步骤。

进度安排的详细程度取决于相应工作分解结构的详细程度,而工作分解结构又取决于项目当前所处阶段与历史经验。进度安排计划随着项目的进展而动态调整,逐渐趋于更加详细准确。

(3)代码管理

对于软件过程中经常遇到的变更问题,如果没有有效的机制进行控制,将会引起巨大的混乱,导致项目的失败。代码管理就是作为变更控制机制而引入到软件项目中的,其关键任务是控制代码变更活动,在软件项目管理中占有重要地位。

(4)测试计划

软件测试计划的目标是找出软件缺陷,并尽可能早一些保证得到修复。利用组织良好的测试计划、测试案例和测试报告交流和制定测试工作是达到目标的保证。测试计划应该包括:

①建立每个测试阶段的目标。

②确定每项测试活动的进度和职责。

③确定工具、设施和测试库的可用性。

④建立用于计划和进行测试以及报告测试结果的规程和标准。

⑤制定衡量测试成功与完成的准则。

首先进行单元测试,然后进行集成测试。

(5)工具管理

前面章节已经提及,这里不再赘述。

12.2 软件测试计划

软件测试计划作为软件项目计划的子计划,在项目启动初期是必须规划的。在越来越多公司的软件开发中,软件质量日益受到重视,测试过程也从一个相对独立的步骤越来越紧密嵌套在软件整个生命周期中,这样,如何规划整个项目周期的测试工作;如何将测试工作上升到测试管理的高度,都依赖于测试计划的制订。测试计划因此也成为测试工作赖于展开的基础。《ANSI/IEEE 829—1983 软件测试文档编制标准》将测试计划定义为:"一个叙述了预定的测试活动的范围、途径、资源及进度安排的文档。它确认了测试项、被测特征、测试任务、人员安排,以及任何偶发事件的风险。"软件测试计划是指导测试过程的纲领性文件,包含了产品概述、测试策略、测试方法、测试区域、测试配置、测试周期、测试资源、测试交流、风险分析等内容。借助软件测试计划,参与测试的项目成员,尤其是测试管理人员,可以明确测试任务和测试方法,保持测试实施过程的顺畅沟通,跟踪和控制测试进度,应对测试过程中的各种变更。

软件项目的测试计划是描述测试目的、范围、方法和软件测试的重点等的文档。对于验证软件产品的可接受程度,编写测试计划文档是一种有用的方式。详细的测试计划可以帮助测试项目组之外的人了解为什么和怎样验证产品。它非常有用,但测试项目组之外的人却很少去读它。

软件测试计划:主要对软件测试项目、所需要进行的测试工作、测试人员所应该负责的测试工作、测试过程、测试所需的时间和资源,以及测试风险等做出预先的计划和安排。测试计划就是描述所有要完成的测试工作,包括被测试项目的背景、目标、范围、方式、资源、进度安排、测试组织,以及与测试有关的风险等。软件测试计划文档模板如图 12.3 所示。

根据 IEEE829—2019 软件测试文档编制标准的建议,测试计划包含了 16 个要项,具体介绍如下。

```
IEEE829—1998软件测试文档编制标准
      软件测试计划文档模板
   目录
   1.测试计划标识符
   2.介绍
   3.测试项
   4.需要测试的功能
   5.方法(策略)
   6.不需要测试的功能
   7.测试项通过/失败的标准
   8.测试中断和恢复的规定
   9.测试完成所提交的材料
   10.测试任务
   11.环境需求
   12.职责
   13.人员安排与培训需求
   14.进度表
   15.潜在的问题和风险
   16.审批
```

图 12.3　软件测试计划文档模板

1)测试计划标识符

一个测试计划标识符是一个由公司生成的唯一值,它用于标识测试计划的版本、等级,以及与该测试计划相关的软件版本。

2)介绍

在测试计划的介绍部分主要是测试软件基本情况的介绍和测试范围的概括性描述。

3)测试项

测试项部分主要是纲领性描述在测试范围内对哪些具体内容进行测试,确定一个包含所有测试项在内的一览表。具体要点如下:

①功能的测试。

②设计的测试。

③整体测试。

IEEE 标准中指出,可以参考下面的文档来完成测试项:

①需求规格说明。

②用户指南。

③操作指南。

④安装指南。

⑤与测试项相关的事件报告。

4)需要测试的功能

测试计划中这一部分列出了待测的功能。

5)方法(策略)

这部分内容是测试计划的核心所在,所以有些软件公司更愿意将其标记为"策略",而不是"方法"。

测试策略描述测试小组用于测试整体和每个阶段的方法。要描述如何公正、客观地开展测试,要考虑模块、功能、整体、系统、版本、压力、性能、配置和安装等各个因素的影响,要尽可能地考虑到细节,越详细越好,并制作测试记录文档的模板,为即将开始的测试做准备。测试记录具体说明如下:

①公正性声明。

②测试用例。

③特殊考虑。

④经验判断。

⑤设想。

6)不需要测试的功能

测试计划中这一部分列出了不需要测试的功能。

7)测试项通过/失败的标准

测试计划中这一部分给出了"测试项"中描述的每一个测试项通过/失败的标准。正如每个测试用例都需要一个预期的结果一样,每个测试项同样都需要一个预期的结果。

8)测试中断和恢复的规定

测试计划中这一部分给出了测试中断和恢复的标准。常用的测试中断标准如下:

①关键路径上的未完成任务。

②大量的缺陷。

③严重的缺陷。

④不完整的测试环境。

⑤资源短缺。

9)测试完成所提交的材料

测试完成所提交的材料包含了测试工作开发设计的所有文档、工具等。例如,测试计划、测试设计规格说明、测试用例、测试日志、测试数据、自定义工具、测试缺陷报告和测试总结报告等。

10)测试任务

测试计划中这一部分给出了测试工作所需完成的一系列任务。在这里还列举了所有任务之间的依赖关系和可能需要的特殊技能。

11)环境需求

环境需求是确定实现测试策略必备条件的过程。

12)测试人员的工作职责

测试人员的工作职责明确指出了测试任务和测试人员的工作责任。有时测试需要定义的任务类型不容易分清,不像程序员所编写的程序那样明确。复杂的任务可能有多个执行者,或者由多人共同负责。

13）人员安排与培训需求

前面讨论的测试人员的工作职责是指哪类人员（管理、测试和程序员等）负责哪些任务。人员安排与培训需求是指明确测试人员具体负责软件测试的哪些部分、哪些可测试性能，以及他们需要掌握的技能等。实际责任表会更加详细，确保软件的每一部分都有人进行测试。每一个测试员都会清楚地知道自己应该负责什么，而且有足够的信息开始设计测试用例。

培训需求通常包括学习如何使用某个工具、测试方法、缺陷跟踪系统、配置管理，或者与被测试系统相关的业务基础知识。培训需求各个测试项目会各不相同，它取决于具体项目的情况。

14）进度表

测试进度是围绕着包含在项目计划中的主要事件（如文档、模块的交付日期，接口的可用性等）来构造的。作为测试计划的一部分，完成测试进度计划安排，可以为项目管理员提供信息，以便更好地安排整个项目的进度。进度安排会使测试过程容易管理。通常，项目管理员或者测试管理员最终负责进度安排，而测试人员参与安排自己的具体任务。

15）潜在的问题和风险

软件测试人员要明确地指出计划过程中的风险，并与测试管理员和项目管理员交换意见。这些风险应该在测试计划中明确指出，在进度中予以考虑。有些风险是真正存在的，而有些最终证实是无所谓的，重要的是尽早明确指出，以免在项目晚期发现时感到惊慌。

一般而言，大多数测试小组都会发现自己的资源有限，不可能穷尽测试软件所有方面。如果能勾画出风险的轮廓，将有助于测试人员排定待测试项的优先顺序，并且有助于集中精力去关注那些极有可能发生失效的领域。下面是一些潜在的问题和风险的例子：

①不现实的交付日期。

②与其他系统的接口。

③处理巨额现金的特征。

④极其复杂的软件。

⑤有过缺陷历史的模块。

⑥发生过许多或者复杂变更的模块。

⑦安全性、性能和可靠性问题。

⑧难于变更或测试的特征。

风险分析是一项十分艰巨的工作，尤其是第一次尝试进行时更是如此，但是以后会好起来，而且也值得这样做。

16）审批

审批人应该是有权宣布已经为转入下一个阶段做好准备的某个人或某几个人。测试计划审批部分一个重要的部件是签名页。审批人除了在适当的位置签署自己的名字和日期外，还应该签署表明他们是否建议通过评审的意见。

制订测试计划的目的：一个计划一定是为了某种目的而产生的,对于软件质量管理而言,制订测试计划的目的主要有3个：

①使软件测试工作进行更顺利。

②促进项目参加人员彼此的沟通。

③使软件测试工作更易于管理。

制订测试计划的原则：制订测试计划是软件测试中最有挑战性的一个工作。以下原则将有助于制订测试计划工作。

①制订测试计划应尽早开始。

②保持测试计划的灵活性。

③保持测试计划简洁和易读。

④尽量争取多渠道评审测试计划。

⑤计算测试计划的投入。

一个好的测试计划可以起到如下作用：

①使测试工作和整个开发工作融合起来。

②资源和变更事先作为一个可控制的风险。

12.3 软件测试文档

12.3.1 软件测试文档的作用

测试文档是对要执行的软件测试及测试的结果进行描述、定义、规定和报告的任何书面或图示信息。由于软件测试是一个很复杂的过程,同时也涉及软件开发中其他一些阶段的工作,因此,必须把对软件测试的要求、规划、测试过程等有关信息和测试的结果,以及对测试结果的分析、评价,以正式的文档形式给出。

测试文档对于测试阶段工作的指导与评价作用更是非常明显的。需要特别指出的是,在已开发的软件投入运行的维护阶段,常常还要进行再测试或回归测试,这时还会用到测试文档。测试文档的编写是测试管理的一个重要组成部分。

测试文档的重要作用可从以下几个方面看出：

①促进项目组成员之间的交流沟通。

②便于对测试项目的管理。

③决定测试的有效性。

④检验测试资源。

⑤明确任务的风险。

⑥评价测试结果。

⑦方便再测试。

⑧验证需求的正确性。

12.3.2　软件测试文档的类型

根据测试文档所起的不同作用,通常把它分成两类,即前置作业文档和后置作业文档。测试计划及测试用例的文档属于前置作业文档。后置作业文档是在测试完成后提交的,主要包括软件缺陷报告和分析总结报告。

12.3.3　主要软件测试文档

主要测试文档模板内容如图 12.4 所示,具体介绍如下:

```
IEEE829—1998软件测试文档编制标准
     软件测试文档模板
  目录
  测试计划
  测试设计规格说明
  测试用例说明
  测试规程规格说明
  测试日志
  测试缺陷报告
  测试总结报告
```

图 12.4　主要软件测试文档模板

```
IEEE829—1998软件测试文档编制标准
  软件测试设计规格说明文档模板
  目录
  测试设计规格说明标识符
  待测试特征
  方法细化
  测试标识
  通过/失败准则
```

图 12.5　测试设计规格说明

①测试计划:主要对软件测试项目、所需要进行的测试工作、测试人员所应该负责的测试工作、测试过程、测试所需的时间和资源,以及测试风险等做出预先的计划和安排。

②测试设计规格说明:用于每个测试等级,以指定测试集的体系结构和覆盖跟踪。内容如图 12.5 所示。

③测试用例规格说明文档:用于描述测试用例。内容如图 12.6 所示。

④测试规程规格说明:用于指定执行一个测试用例集的步骤。

⑤测试日志:由于记录测试的执行情况不同,可根据需要选用。

```
IEEE829—1998软件测试文档编制标准
  软件测试用例规格说明文档模板
  目录
  测试用例规格说明标识符
  测试项
  输入规格说明
  输出规格说明
  环境要求
  特殊规程需求
  用例之间的相关性
```

图 12.6　测试用例规格说明

⑥测试缺陷报告:用来描述出现在测试过程或软件中的异常情况,这些异常情况可能存在于需求、设计、代码、文档或测试用例中。

⑦测试总结报告:用于报告某个测试完成情况。

12.4　软件测试的组织与人员组织

测试项目成功完成的关键因素之一就是要有高素质的软件测试人员,并将他们有效地组织起来,分工合作,形成一支精干的队伍,使他们发挥出最大的工作效率。

测试的组织与人员管理就是对测试项目相关人员在组织形式、人员组成与职责方面所做的规划和安排。

测试的组织与人员管理的任务是：

①为测试项目选择合适的组织结构模式。

②确定项目组内部的组织形式。

③合理配备人员，明确分工和责任。

④对项目成员的思想、心理和行为进行有效地管理，充分发挥他们的主观能动性，密切配合实现项目的目标。

测试的组织与人员管理应注意的原则是：

①尽快落实责任

从软件的生存周期看，测试往往指对程序的测试，但是，由于测试的依据是规格说明书、设计文档和使用说明书，如果设计有错误，测试的质量就难以保证。实际上，测试的准备工作在分析和设计阶段就开始了，在软件项目的开始就要尽早指定专人负责，让他有权去落实与测试有关的各项事宜。

②减少接口

要尽可能地减少项目组内人与人之间的层次关系，缩短通信的路径，方便人员之间的沟通，提高工作效率。

③责任明确、均衡

项目组成员都必须明确自己在项目组中的地位、角色和职责，各成员所负的责任不应比委任的权力大，反之亦然。

测试人员的组织结构：组织结构是指用一定的模式对责任、权威和关系进行安排，直至通过这种结构发挥功能。测试组织结构设计时主要考虑以下因素：

①垂直还是平缓。

②集中还是分散。

③分级还是分散。

④专业人员还是工作人员。

⑤功能还是项目。

选择合理高效的测试组织结构方案的准则是：

①提供软件测试的快速决策能力。

②利于合作，尤其是产品开发与测试开发之间的合作。

③能够独立、规范、不带偏见地运作并具有精干的人员配置。

④有利于满足软件测试与质量管理的关系。

⑤有利于满足软件测试过程管理要求。

⑥有利于为测试技术提供专有技术。

⑦充分利用现有测试资源，特别是人。

⑧对测试者的职业道德和事业产生积极的影响。

进行软件测试的测试组织结构形式很多，目前常见的测试组织结构有独立的测试小组和集成的测试小组两种形式。

（1）独立测试小组

独立的测试小组，即主要工作是进行测试的小组，他们专门从事软件的测试工作。测试组设组长一名，负责整个测试的计划、组织工作。测试组的其他成员由具有一定的分析、设计和测试经验的专业人员组成，人数根据具体情况可多可少，一般3~5人为宜。测试组长与开发组长在项目中的地位是同级、平等的关系。

（2）集成测试小组

集成测试小组是将测试与基本设计因素组合起来，构成的测试组织结构。这是与独立测试有关的一种集成测试组织形式，即集成测试小组是由需要向同一个项目经理汇报工作的测试人员和开发人员组成。

测试人员的能力应包括以下几项：

①一般能力：包括表达、交流、协调、管理、质量意识、过程方法、软件工程等。

②测试技能及方法：包括测试基本概念及方法、测试工具及环境、专业测试标准、工作成绩评估等。

③测试规划能力：包括风险分析及防范、软件放行/接收准则制定、测试目标及计划、测试计划和设计的评审方法等。

④测试执行能力：包括测试数据/脚本/用例、测试比较及分析、缺陷记录及处理、自动化工具。

⑤测试分析、报告和改进能力：包括测试度量、统计技术、测试报告、过程监测及持续改进。

测试组织管理者的工作能力在很大程度上决定测试工作的成功与否，测试管理是很困难的，测试组织的管理者必须具备：

①了解与评价软件测试政策、标准、过程、工具、培训和度量的能力。

②领导一个测试组织的能力，该组织必须坚强有力、独立自主、办事规范且没有偏见。

③吸引并留住杰出测试专业人才的能力。

④领导、沟通、支持和控制的能力。

⑤有提出解决问题方案的能力。

⑥测试时间、质量和成本控制的能力。

12.4.1　软件测试阶段性

1）测试阶段划分

①单个模块功能测试时间相对较长，但每一个项目都应该有专门的集成测试阶段，并且应该不止进行一轮。

每一轮集成测试，应该都有自己的目的，比如第一轮集成测试，是根据集成测试要点验证整体功能情况；第二轮集成测试是回归测试；第三轮集成测试是交叉测试。

每个项目应进行几轮集成测试，根据项目实际情况而定，而决定的因素多与工期、项目问题多少而定。

②每个项目都应该有专项测试阶段,比如接口测试、性能测试、异常测试等。(作为测试人员,应主动与项目组沟通,在本项目是否开展此项工作,最后应有书面沟通结果,最好是通过邮件确认。)

2)测试过程文档输出

①项目需求评审后,或者项目已展开需求讨论后,就应该与项目经理沟通并开始考虑测试的事情。

②测试过程文档不能缺失,比如测试计划、测试方案、测试用例、测试报告等,不能因为工期不够而缺失某一部分测试文档的输出,这样只会给别人你测试不够专业的感觉,并且不写文档的效果并不一定比写了文档的效果好。

写文档的目的不只是为了公司财富的积累,更多的是对自己测试思路的梳理,只有思路清晰了,测试过程才不会混乱,否则可能在测试过程中,自己首先就乱了,不知道从哪里下手,哪里结束。

③测试的每个阶段都应该有输出,比如计划阶段,输出测试计划、测试方案,执行阶段输出测试用例,系统测试结束后输出测试报告等。整个测试过程都应该是在有条不紊的思路下开展下来的。

④提前准备,比如测试计划、测试方案、测试用例,能提前的,尽量提前做出来,否则到了测试执行阶段,就会手忙脚乱。

12.4.2 软件测试团队构成

1)Scrum 团队的核心角色

主要包括产品负责人(Product Owner),Scrum Master 及团队成员(Team),在 Scrum 团队的外围还包括客户(Stakeholder),经理(Manager)等角色。

2)团队成员

主要负责产品的具体开发。团队成员组成执行团队,这是个自组织,自定向和跨功能的执行团队。执行团队通过直接的行动推进项目的进度,达到计划的目标。

架构师:对软件开发过程的各个领域都具备一定专业技能的人员,主要任务是把软件开发的需求转化为可以实现的抽象设计和具体设计,并完成相应的设计文档。同时,架构师还需要把业务化的需求转化为技术化的功能性需求及非功能性需求。架构师需要参与软件开发的各个阶段,也作为审核人员对详细设计和开发计划进行审查。技能特点:具有更高视角,对技术的发展方向能够有全局的把握,对业务也有深刻的认识。

开发人员:根据抽象设计和高层次的具体设计进行更细化的具体设计,按照设计完成编码实现及单元测试任务,完成问题分析和解决缺陷的任务。开发人员具有把宏观任务抽象化和把抽象概念具体化的能力,以微观的视角完成功能细节的开发。技能:卓越的理解能力和编码能力。

测试人员:根据软件设计文档编写测试计划,按照测试计划对软件进行测试。工作重点是发现问题和解决问题,技能:洞察能力、分析能力、良好的抽象思维能力和逻辑分析能力。

文档设计人员:根据需求文档和设计文档,设计编写交付给用户的说明文档和使用手册。技能:表达能力、叙述能力、善于把抽象的问题具体化,一定的艺术才能。

3)外围角色

客户:软件产品的直接利益相关者,从业务的角度提出对软件产品的需求。是开发软件的根本动力。特点:对业务有深入的了解,能清晰理解业务流程。

经理:控制开发进度、解决团队资源问题、对团队的运行进行技术性的指导等。根据任务的不同,可以由三个人分别担当不同的经理角色,项目经理(Project Manager)、人事经理(People Manager)、指导经理(Coaching Manager)。经理不直接参与项目,只提供关键的支持,为软件开发营造良好的环境,需要有更高的视觉和领导力完成相应的任务。

4)测试团队成员

测试负责人(Test Lead):测试的主要统筹者,需要担当测试项目经理的角色,任务包括定义测试计划、统筹人员调配,监督测试项目进度等。技能:既需要掌握测试的专业技能,又要具备良好的组织能力和协调能力。

测试架构师:定义测试策略,从宏观上定义测试的方向和方法。对测试目标的技术特性和业务需求有准确把握,能为测试团队提供方法论方面的全面建议。测试计划完成后,测试架构师需要审核计划是否全面覆盖应包含的验证点,根据经验给出相关的执行建议。技能:较高的技能水平,包括深入和全面的测试经验,对软件开发和测试的模型有全面的认识,对商业模式及客户的业务需求也有比较深刻的理解。

测试工程师:重点关注测试的目标业务部分,根据特定业务场景制订该部分的测试计划。技能:设计和执行测试用力的专业技能,良好的业务理解能力和问题分析能力。

测试经理(Test Manager):从资源调配角度给不同的测试项目分配资源。

12.5　软件测试项目跟踪与监控

软件测试和软件开发一样,都遵循软件工程的原理,有它自己的生命周期。软件的测试过程管理基于广泛采用的"V"模型。"V"模型支持系统测试周期的任何阶段。

基于"V"模型,在开发周期中的每个阶段都有相关的测试阶段相对应,测试可以在需求分析阶段就及早开始,创建测试的准则。每个阶段都存在质量控制点,对每个阶段的任务、输入和输出都有明确的规定,以便对整个测试过程进行质量控制和配置管理。

根据质量管理中 PDCA 质量环的思想,需要对软件测试过程进行跟踪、检查,并与测试计划进行对比。测试计划中描述了如何实施和管理软件的测试过程,测试计划经批准生效后,将被用来作为对测试过程跟踪与监控的依据。

测试项目的跟踪与监控的基础是软件测试计划。

在具体的测试项目的跟踪与监控过程中,可以采用周报、日报、例会,以及里程碑评审会等方式来了解测试项目的进展情况,建立、收集和分析项目的实际状态数据,对项目进行跟踪与监控,达到项目管理的目的。基于可靠的信息,明智的和有意义的决策可以很好地管理测试过程,在测试过程的每个阶段,测试项目管理人员应特别注意需要弄清楚以下问题:

①系统现在是否做好测试准备?

②如果系统开始测试会有什么样的风险?

③当前测试所达到的覆盖率是怎样的?

④到目前为止取得了哪些成功?

⑤还要哪些测试要做?

⑥怎么证明系统已经经过了有效的测试?

⑦有哪些变更,哪些必须重新测试?

12.6 配置管理

配置管理的目的是建立和维护在软件生命周期中软件产品的完整性和一致性。一般来说,软件测试配置管理包括 4 个最基本的活动:配置标识、变更控制、配置状态报告、配置审计。

1)配置标识

配置标识是配置管理的基础。

所有配置项的操作权限都应当严格管理,其基本原则是:所有基线配置项向测试人员开放读取权限;而非基线配置项向测试组长、项目经理及相关人员开放。

配置标识主要是标识测试样品、测试标准、测试工具、测试文档(包括测试用例)、测试报告等配置项的名称和类型。所有配置项都应按照相关规定统一编号,按照相应的模板生成,并在文档中的规定部分记录对象的标识信息,标识各配置项的所有者及储存位置,指出何时基准化配置项(置于基线控制之下),这样使得测试相关人员能方便地知道每个配置项的内容和状态。

2)变更控制

变更控制的目的并不是控制和限制变更的发生,而是对变更进行有效的管理,确保变更有序地进行。

变更控制主要包括以下内容。

①规定测试基线,对每个基线必须描述下列内容:

a.每个基线的项(包括文档、样品和工具等)。

b.与每个基线有关的评审、批准事项以及验收标准。

②规定何时何人创立新的基线,如何创立。

③确定变更请求的处理程序和终止条件。

④确定变更请求的处理过程中各测试人员执行变更的职能。

⑤确定变更请求和所产生结果的对应机制。

⑥确定配置项提取和存入的控制机制与方式。

3）配置状态报告

配置状态报告就是根据配置项操作数据库中的记录，来向管理者报告软件测试工作的进展情况。

配置状态报告应该包括以下主要内容：

①定义配置状态报告形式、内容和提交方式。

②确认过程记录和跟踪问题报告，更改请求，更改次序等。

③确定测试报告提交的时间与方式。

4）配置审计

配置审计的主要作用是作为变更控制的补充手段，来确保某一变更需求已被切实地执行和实现。配置审计包括以下主要内容：

①确定审计执行人员和执行时机。

②确定审计的内容与方式。

③确定发现问题的处理方法。

12.7　测试风险管理

1）风险的基本概念

风险可定义为"伤害、损坏或损失的可能性；一种危险的可能或一种冒险事件。"风险涉及一个事件发生的可能性，涉及该事件产生的不良后果或影响。软件风险是指开发不成功引起损失的可能性，这种不成功事件会导致公司商业上的失败。风险分析是对软件中潜在的问题进行识别、估计和评价的过程。软件测试中的风险分析是根据测试软件将出现的风险，制订软件测试计划，并排列优先等级。

软件风险分析的目的是确定测试对象、测试优先级，以及测试的深度。有时还包括确定可以忽略的测试对象。通过风险分析，测试人员识别软件中高风险的部分，并进行严格彻底地测试；确定潜在的隐患软件构件，对其进行重点测试。在制订测试计划的过程中，可以将风险分析的结果用来确定软件测试的优先级与测试深度。

2）软件测试与商业风险

软件测试是一种用来尽可能降低软件风险的控制措施。软件测试是检测软件开发是否符合计划，是否达到预期结果的测试。如果检测表明软件的实现没有按照计划执行，或与预期目标不符，就要采取必要的改进行动。因此，公司的管理者应该依靠软件测试之类的措施来帮助自己实现商业目标。

3）软件风险分析

风险分析是一个对潜在问题识别和评估的过程，即对测试的对象进行优先级划分。

风险分析包括以下两个部分。

①发生的可能性:发生问题的可能性有多大。

②影响的严重性:如果问题发生了会有什么后果。

通常风险分析采用两种方法:表格分析法和矩阵分析法。通用的风险分析表包括以下几项内容。

①风险标识:表示风险事件的唯一标识。

②风险问题:风险问题发生现象的简单描述。

③发生可能性:风险发生可能性的级别(1~10)。

④影响的严重性:风险影响的严重性的级别(1~10)。

⑤风险预测值:风险发生可能性与风险影响的严重性的乘积。

⑥风险优先级:风险预测值从高向低排序。

综上所述,软件风险分析的目的是:确定测试对象、确定优先级,以及测试深度。在测试计划阶段,可以用风险分析的结果来确定软件测试的优先级。对每个测试项和测试用例赋予优先代码,将测试分为高、中和低的优先级类型,这样可以在有限的资源和时间条件下,合理安排测试的覆盖度与深度。

4)软件测试风险

软件测试的风险是指软件测试过程出现的或潜在的问题,造成的原因主要是测试计划的不充分、测试方法有误或测试过程的偏离,造成测试的补充以及结果不准确。测试的不成功导致软件交付潜藏着问题,一旦在运行时爆发,会带来很大的商业风险。

主要是对测试计划执行的风险分析与制订要采取的应急措施,降低软件测试产生的风险造成的危害。

测试计划的风险一般指测试进度滞后或出现非计划事件,针对计划好的测试工作造成消极影响的所有因素,计划风险分析的工作是制订计划风险发生时应采取的应急措施。

其中,交付日期的风险是主要风险之一。测试未按计划完成,发布日期推迟,影响对客户提交产品的承诺,管理的可信度和公司的信誉都要受到考验,同时也受到竞争对手的威胁。交付日期的滞后,也可能是已经耗尽了所有的资源。计划风险分析所做的工作重点不在于分析风险产生的原因,重点应放在提前制定应急措施来应对风险发生。当测试计划风险发生时,可能采用的应急措施有:缩小范围、增加资源、减少过程等措施。

将采用的应急措施如下:

应急措施1:增加资源。请求用户团队为测试工作提供更多的用户支持。

应急措施2:缩小范围。决定在后续的发布中,实现较低优先级的特性。

应急措施3:减少质量过程。在风险分析过程中,确定某些风险级别低的特征测试,或减少测试。

上述列举的应急措施要涉及有关方面的妥协,如果没有测试计划风险分析和应急措施处理风险,开发者和测试人员采取的措施就比较匆忙,将不利于将风险的损失控制到最小。因此,软件风险分析和测试计划风险分析与应急措施是相辅相成的。

由上面分析可以看出,计划风险、软件风险、重点测试、不测试,甚至整个软件的测试与应急措施都是围绕"用风险来确定测试工作优先级"这样的原则来构造的。软件测试存在着风险,如果提前重视风险,并且有所防范,就可以最大限度减少风险的发生。在项目过程中,风险管理的成功取决于如何计划、执行与检验每一个步骤。遗漏任何一点,风险管理都不会成功。

12.8 测试成本管理

对于一般项目,项目的成本主要由项目直接成本、管理费用和期间费用等构成。

当一个测试项目开始后,就会发生一些不确定的事件。测试项目的管理者一般都在一种不能够完全确定的环境下管理项目,项目的成本费用可能出现难以预料的情况,因此,必须有一些可行的措施和办法,来帮助测试项目的管理者进行项目成本管理,即依据实际预算制定项目计划,实施整个项目生命周期内的成本度量和控制。

1)测试费用有效性

风险承受的确定,从经济学的角度考虑就是确定需要完成多少测试,以及进行什么类型的测试。经济学所做的判断,确定了软件存在的缺陷是否可以接受,如果可以,能承受多少。测试的策略不再主要由软件人员和测试人员来确定,而是由商业的经济利益来决定的。

"太少的测试是犯罪,而太多的测试是浪费。"对风险测试得过少,会造成软件的缺陷和系统的瘫痪;而对风险测试得过多,就会使本来没有缺陷的系统进行没有必要的测试,或者对轻微缺陷的系统所花费的测试费用远远大于它们给系统造成的损失。

测试费用的有效性,可以用测试费用的质量曲线来表示,如图 12.7 所示。随着测试费用的增加,发现的缺陷也会越多,两线相交的地方是过多测试开始的地方,这时,排除缺陷的测试费用超过了缺陷给系统造成的损失费用。

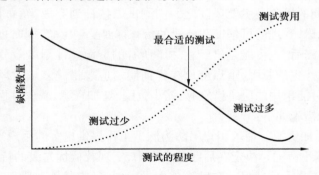

图 12.7　测试费用的质量曲线

2)测试成本控制

测试成本控制也称为项目费用控制,就是在整个测试项目的实施过程中,定期收集项目的实际成本数据,与成本的计划值进行对比分析,并进行成本预测,及时发现并纠正偏差,使项目的成本目标尽可能好地实现。

测试工作的主要目标是使测试产能最大化,也就是,要使通过测试找出错误的能力最大化,而检测次数最小化。测试的成本控制目标是使测试开发成本、测试实施成本和测试维护成本最小化。

在软件产品测试过程中,测试实施成本主要包括测试准备成本、测试执行成本和测试结束成本。

①测试准备成本控制。

②测试执行成本控制。

对部分重新测试进行合理的选择,将风险降至最低,而成本同样会很高,必须将其与测试执行成本进行比较,权衡利弊。利用测试自动化,进行重新测试,其成本效益是较好的。

a.对由于程序变化而受到影响的每一部分进行重新测试。

b.对与变化有密切和直接关系的部分进行重新测试。

③测试结束成本控制。

④降低测试实施成本。

⑤降低测试维护成本。

降低测试维护成本,与软件开发过程一样,加强软件测试的配置管理,所有测试的软件样品、测试文档(测试计划、测试说明、测试用例、测试记录、测试报告)都应置于配置管理系统控制之下。降低测试维护工作成本主要考虑:

①对于测试中出现的偏差要增加测试。

②采用渐进式测试,以适应新变化的测试。

③定期检查维护所有测试用例,以获得测试效果的连续性。

保持测试用例效果的连续性是重要的措施,有以下几个方面:

①每一个测试用例都是可执行的,即被测产品功能上不应有任何变化。

②基于需求和功能的测试都应是适合的,若产品需求和功能发生小的变化,不应使测试用例无效。

③每一个测试用例不断增加使用价值,即每一个测试用例不应是完全冗余的,连续使用,应是成本效益高的。

3)质量成本

测试是一种带有风险性的管理活动,可以使企业减少因为软件产品质量低劣,而花费不必要的成本。

(1)质量成本要素

质量成本要素主要包括一致性成本和非一致性成本。一致性成本是指用于保证软件质量的支出,包括预防成本和测试预算,如测试计划、测试开发、测试实施费用。

非一致性成本是由出现的软件错误和测试过程故障(如延期、劣质的发布)引起的。这些问题会导致返工、补测、延迟。追加测试时间和资金就是一种由于内部故障引起的非一致性成本。非一致性成本还包括外部故障(软件遗留错误影响客户)引起部分。一般情况下,外部故障非一致性成本要大于一致性成本与内部故障非一致性成本之和。

（2）质量成本计算

质量成本一般按下式计算：

$$质量成本＝一致性成本＋非一致性成本$$

4）缺陷探测率

缺陷探测率是另一个衡量测试工作效率的软件质量成本的指标。

缺陷探测率＝测试发现的软件缺陷数/（测试发现的软件缺陷数＋客户发现并反馈技术支持人员进行修复的软件缺陷数）

测试投资回报率可按下式计算：

$$投资回报率＝（节约的成本－利润）/测试投资×100\%$$

习　题

一、选择题

1.（　　　）是软件开发人员为用户准备的有关该软件使用、操作、维护的资料。

　　A.开发文档　　　　　　B.管理文档　　　　　　C.用户文档　　　　　　D.软件文档

2.（　　　）是在软件开发过程中，作为软件开发人员前一阶段工作成果的体现和后一阶段工作依据的文档。

　　A.开发文档　　　　　　B.管理文档　　　　　　C.用户文档　　　　　　D.软件文档

二、思考题

1.软件测试项目的定义？软件测试项目的基本特性有哪些？

2.软件测试项目管理的定义是什么？

3.软件测试文档的主要作用有哪些？

4.主要软件测试文档由哪些构成？

5.软件测试团队由哪些构成？

6.软件测试配置管理包括哪 4 个最基本的活动？

7.软件测试风险的定义是什么？

参考文献

［1］顾翔.软件测试技术实战［M］.北京：人民邮电出版社,2017.

［2］杜庆峰.软件测试技术［M］.2 版.北京：清华大学出版社,2011.

［3］李龙.软件测试实用技术与常用模板［M］.北京：机械工业出版社,2010.

［4］郑文强,周震漪,马均飞.软件测试基础教程［M］.北京：清华大学出版社,2015.

［5］杜文浩.软件测试基础教程［M］.北京：中国水利水电出版社,2008.

［6］牛红.软件测试基础教程［M］.北京：机械工业出版社,2014.

［7］Paaton,R. 软件测试(英文版)［M］.2 版.北京：机械工业出版社,2006.

［8］闫岩.计算机软件测试方法的分析［J］.数字技术与应用,2017(3)：244.

［9］赵鹤,高婉玲.基于模型的软件测试用例生成方法比较研究［J］.现代计算机(专业版),2017(4)：20-26.

［10］朱晓敏.软件测试的相关技术应用研究［J］.电子测试,2017(1)：122-123.